»MILITÄRFAHRZEUGE« BAND 2
 PANZERKAMPFWAGEN I UND II

Band 2 der Reihe »Militärfahrzeuge«

WALTER J. SPIELBERGER

DIE PANZER-KAMPFWAGEN I UND II
UND IHRE ABARTEN

Einschließlich der Panzerentwicklungen der Reichswehr

Maßstabskizzen: Hilary L. Doyle
Farbillustrationen: Uwe Feist

Motorbuch Verlag Stuttgart

Einband und Schutzumschlag: Siegfried Horn.

Fotoquellen: P. Chamberlain Collection (26), Daimler-Benz AG., Archiv (14), Archiv Uwe Feist (18), Robert J. Icks Collection (22), Archiv Ingo Kasten (2), Krauss-Maffei AG. (7), K. Kässbohrer (1), Landsverk (1), MAN Archiv (2), Archiv Werner Oswald (1), H. Scultetus (2), Archiv Walter J. Spielberger (66), Sammlung F. Wiener (1).

Die Ansichtsskizzen in diesem Buch wurden freundlicherweise von Herrn Hilary Doyle zur Verfügung gestellt, der wie der Verfasser Mitarbeiter der BELLONA Publication Ltd. ist.

Unser Dank gilt auch BELLONA für die Erteilung der Nachdruck-Erlaubnis dieser Zeichnungen. Sie vermitteln mit Abstand die vollständigsten Unterlagen über Militärfahrzeuge des In- und Auslandes.

Vier-Seitenansichten im Maßstab 1:76 und 1:48 sind erhältlich durch einschlägige Fachgeschäfte oder direkt von BELLONA Publications Ltd. Badgers Mead, Hawthorn Hill, Bracknell, Berkshire – Winkfield Row 2938 – England.

ISBN 3 - 87943 - 335 - 6

1. Auflage 1974.
Copyright © 1974 by Motorbuch Verlag, 7000 Stuttgart 1, Postfach 1370.
Eine Abteilung des Buch- und Verlagshauses Paul Pietsch GmbH & Co. KG.
Sämtliche Rechte der Verbreitung – in jeglicher Form und Technik – sind vorbehalten.
Satz und Druck: Verlagsdruckerei Carle, 7143 Vaihingen/Enz.
Bindung: Großbuchbinderei Ernst Riethmüller & Co., 7000 Stuttgart.
Printed in Germany

INHALT

Vorwort **9**

Großtraktor, Rheinmetall **12**
Großtraktor, Krupp **12**
Großtraktor, GT 1, Daimler-Benz **12**
Selbstfahrlafette 3,7 cm, Krupp **12**
Selbstfahrlafette 7,5 cm, Krupp **12**
R/R Selbstfahrlafette, Horch **13**
R/R Selbstfahrlafette, Duerkopp **13**
WD Selbstfahrlafette 3,7 cm, WD, Rheinmetall **15**
WD Selbstfahrlafette 7,7 cm, WD, Rheinmetall **15**
Leichttraktor, früher Kleintraktor — Kampfwagen, Krupp **20**
Leichttraktor — Nachschubfahrzeug, Krupp **20**
Leichttraktor, früher Kleintraktor — Kampfwagen, Rheinmetall **21**
Leichttraktor — 3,7 cm Kampfwagen-Abwehr Selbstfahrlafette, Rheinmetall **20**
50-PS-Schlepper für 3,7 cm, Linke-Hoffmann-Busch **25**
schwere Selbstfahrlafette (Waffenträger), Krupp **26**
Kleintraktor (Tankjäger), Krupp **27**
Landsverk 30 (deutsche Bezeichnung RR 160), Landsverk **28**
Landsverk 10, Landsverk **28**
Bataillons-Führerwagen, BW, Rheinmetall **28**
7,5-cm-Selbstfahrlafette, Rheinmetall **28**
LaS „Landwirtschaftlicher Schlepper"-Krupp-Traktor, LKA, Krupp **28**
LaS „Landwirtschaftlicher Schlepper"-Krupp-Traktor, LKB, Krupp **28**
Neubaufahrzeug mit Rheinmetallturm, NbFz, Rheinmetall **30**
Neubaufahrzeug mit Kruppturm, NbFz, Rheinmetall **30**
Neubaufahrzeug (Entwurf), Krupp **30**
3,7-cm-Selbstfahrlafette L/45, Rheinmetall **33**

Panzerkampfwagen I und Abarten

5 t Panzerkampfwagen (Entwurf), MAN **35**
5 t Panzerkampfwagen — Prototyp, Krupp **35**
5 t Panzerkampfwagen (Entwurf), Henschel **35**
5 t Panzerkampfwagen (Entwurf), Daimler-Benz **35**

5 t Panzerkampfwagen (Entwurf), Rheinmetall-Borsig **35**
Panzerkampfwagen I (MG) (Ausf. A), I A LaS Krupp, verschiedene **35**
Panzerkampfwagen I (MG) (Ausf. B), I B LaS May, verschiedene **43**
Panzerkampfwagen I mit 20-mm-Kanone (spanischer Umbau) **51**
Panzerkampfwagen I Ausf. A mit Dieselmotor M 601, Krupp **40**
Panzerkampfwagen I Ausf. A (Tp), I A LaS Krupp, verschiedene **56**
Panzerkampfwagen I Ausf. B mit Dieselmotor M 601, Krupp **43**
Panzerkampfwagen I Ausf. B (Tp), I B LaS May, verschiedene **56**
Panzerkampfwagen I Ausf. C – auch Panzerkampfwagen I n. A., Krauss-Maffei **57**
Panzerkampfwagen I Ausf. F – auch Panzerkampfwagen I n. A. verstärkt, Krauss-Maffei **57**
Panzerkampfwagen I Ausf. A – Fahrschulfahrzeug, I A LaS Krupp, verschiedene **59**
Panzerkampfwagen I Ausf. B – Fahrschulfahrzeug, I B LaS May, verschiedene **59**
Panzerkampfwagen I (A) Munitionsschlepper, I A LaS Krupp, Daimler-Benz **59**
Panzerkampfwagen I Ausf. B – Instandsetzungskraftwagen I, I B LaS May, verschiedene **59**
Panzerkampfwagen I Ausf. B – Pionier-Kampfwagen I, I B LaS May, verschiedene **59**
4,7-cm-Pak (t) auf Panzerkampfwagen I ohne Turm, I B LaS May, ALKETT **62**
15 cm sIG 33 auf Panzerkampfwagen I Ausf. B – auch Geschützwagen I, I B LaS May, ALKETT **64**
Ladungsleger I, erste Ausführung, I B LaS May, Talbot **67**
Ladungsleger I, zweite Ausführung, I B LaS May, Talbot **67**
Panzerkampfwagen I Ausf. A – Flammenwerfer (Truppenumbau), I A LaS Krupp, verschiedene **67**
Kleiner Panzerbefehlswagen Ausf. A, 1 kl A, Daimler-Benz **68**
Kleiner Panzerbefehlswagen Ausf. B, 2 kl B, Daimler-Benz **70**
Kleiner Panzerbefehlswagen Ausf. C, 3 kl B, Daimler-Benz **70**
Panzerkampfwagen I – Befehlsbrückenleger, verschiedene
Panzerkampfwagen VK 301 (Entwurf), Weserhütte **70**
Panzerkampfwagen VK 501 (Entwurf), Buessing-NAG **70**

Panzerkampfwagen II und Abarten

10 t Panzerkampfwagen – Prototyp, LKA 2, Krupp **71**
10 t Panzerkampfwagen – Prototyp, Henschel **71**
10 t Panzerkampfwagen – Prototyp, LaS 100, MAN **71**
Panzerkampfwagen II (2 cm) Ausf. a1, 1/LaS 100, verschiedene **71**
Panzerkampfwagen II (2 cm) Ausf. a2, 1/LaS 100, verschiedene **74**
Panzerkampfwagen II (2 cm) Ausf. a3, 1/LaS 100, verschiedene **74**

Panzerkampfwagen II (2 cm) Ausf. b, 2/LaS 100, verschiedene **75**
Panzerkampfwagen II (2 cm) Ausf. c, 3/LaS 100, verschiedene **76**
Panzerkampfwagen II (2 cm) Ausf. A, 4/LaS 100, verschiedene **77**
Panzerkampfwagen II (2 cm) Ausf. B, 5/LaS 100, verschiedene **77**
Panzerkampfwagen II (2 cm) Ausf. C, 6/LaS 100, verschiedene **77**
Panzerkampfwagen II (2 cm) Ausf. F, 7/LaS 100, verschiedene **89**
Panzerkampfwagen II (2 cm) alle Ausf. (Tp), LaS 100, verschiedene **101**
Panzerkampfwagen II (2 cm) Ausf. D, 8/LaS 138, Daimler-Benz **101**
Panzerkampfwagen II (2 cm) Ausf. E, 8/LaS 138, Daimler-Benz **101**
Panzerkampfwagen II (2 cm) alle Ausf. – schwimmfähig, LaS 100, verschiedene **103**
Panzerkampfwagen II Ausf. G1, G2 und G4, MAN **106**
Panzerkampfwagen II Ausf. J, MAN **106**
Panzerkampfwagen II Ausf. H – Entwicklungsfahrgestell, MAN **106**
Panzerkampfwagen II Ausf. M – Entwicklungsfahrgestell, MAN **106**
Panzerkampfwagen II n. A., MAN/Porsche **106**
Panzerkampfwagen II n. A. zur Führung und Beobachtung bei Artillerie, MAN/Porsche **107**
Panzerkampfwagen II n. A. für Gefechtsaufklärung, MAN/Porsche **107**
Panzerkampfwagen II n. A. für Aufklärung, MAN/Porsche **107**
Panzerkampfwagen II n. A. verstärkt, MAN **108**
Panzerkampfwagen II n. A. verstärkt für Gefechtsaufklärung (kleine Bauart), MAN/Porsche/Skoda **108**
Panzerkampfwagen II n. A. verstärkt (Flammenwerfer), MAN **108**
Panzerkampfwagen II mit 4,7-cm-Pak (t) – Vorschlag, Daimler-Benz **108**
Panzerkampfwagen II n. A., MAN **108**
Panzerkampfwagen II Ausf. L „Luchs", auch Panzerspähwagen II, MAN **108**
Panzerkampfwagen II Ausf. L (5 cm KwK L/60) „Luchs 5 cm", MAN **110**
Gefechtsaufklärer „Leopard", MIAG **111**
Gefechtsaufklärer (Mehrzweckpanzer), Daimler-Benz **115**
Mehrzweckpanzer auf Panzer II-Basis, FAMO **116**
Panzergerät 13, unbekannt **116**
Panzerkampfwagen II (F) Ausf. A, 8/LaS 138, MAN/Wegmann **117**
Panzerkampfwagen II (F) Ausf. B, 8/LaS 138, MAN/Wegmann **117**
Panzerselbstfahrlafette I für 7,62-cm-Pak 36 (r) „Marder II", 8/LaS 138, ALKETT **117**
Panzerselbstfahrlafette I für 7,62 cm FK 296 (r) „Marder II", 8/LaS 138, ALKETT **117**
Panzerselbstfahrlafette II für 5-cm-Pak 38 (Prototyp), LaS 100, ALKETT **117**
Panzerselbstfahrlafette II für 7,5-cm-Pak 40/2 „Marder II", LaS 100, ALKETT **117**
5-cm-Geschütz auf Panzerkampfwagen II Sonderfahrgestell 901 (Pz Sfl 1c) MAN **121**

leichter Panzerjäger (Pz Sfl 5 cm), MAN/Porsche
Panzerkampfwagen II Fahrgestell für 8,8-cm-Pak 41 (Entwurf),
    unbekannt **124**
Panzerkampfwagen II Fahrgestell für 7,5 cm KwK L/70 (Entwurf)
    unbekannt **124**
leichte Feldhaubitze 18/2 auf Fahrgestell Panzerkampfwagen II (Sf)
    „Wespe", LaS, FAMO **124**
Munitions Selbstfahrlafette auf Fahrgestell Panzerkampfwagen II,
    LaS 100, FAMO **124**
Geschützwagen II für 15 cm sIG 33, LaS 100, unbekannt **125**
Geschützwagen II, verbreitert für 15 cm sIG 33 (Sechsrollen-Laufwerk),
    unbekannt **128**
Panzerselbstfahrlafette für sIG 33, MAN/Porsche **108**
Panzerbefehlswagen II, LaS 100, verschiedene **128**
Minenräumpanzer II (Hammerschlaggerät), LaS 100, Wegmann **128**
Panzerkampfwagen II (Brückenleger), LaS 100, Magirus **128**
Panzerkampfwagen II – Pionierkampfwagen II, LaS 100, verschiedene **129**
Panzerkampfwagen II – Fahrschulfahrzeug, LaS 100, verschiedene —
Panzerkampfwagen II n. A. verstärkt – Bergepanzer, MAN **129**
Panzerkampfwagen II – Feuerleitpanzer/Beobachtungspanzer, LaS 100,
    verschiedene **128**
Panzerkampfwagen II – Sturmgeschütz-Attrappe, LaS 100,
    verschiedene **129**
Technische Daten **140**
Literaturverzeichnis **161**
Erläuterungen der gebräuchlichen Abkürzungen **161**

Vorwort

Die bis Ende des Ersten Weltkrieges beim Einsatz von Panzerkampfwagen gesammelten Erfahrungen bestätigten zwar die Wirksamkeit dieses neuen Kampfmittels, präzisierten aber keineswegs seine Verwendung in zukünftigen Auseinandersetzungen.
Während Infanterie-orientierte Planer den schwergepanzerten Durchbruchtank propagierten, standen auf der anderen Seite des Argumentes die Verfechter der schnellen, leichten Kavalleriepanzer. Deutschland konnte auf Grund des durch den Versailler Vertrag verursachten Vakuums die Entwicklung anderer Staaten eingehend beobachten und daraus seine eigenen Folgerungen ziehen. Politische Beschränkungen, technische Unzulänglichkeiten und fehlende Mittel ließen zu dieser Zeit sowieso nur eine Grundlagenforschung zu. Trotzdem ergaben sich aus dieser Situation heraus Gedankengänge, die bewußt ein Loslösen dieses neuzeitlichen Kriegsgerätes von allen traditionellen Bindungen anstrebten. Von den meisten verkannt, waren es Leute wie Fuller, de Gaulle und Guderian, die die Grundlagen für die späteren Panzerdivisionen und -armeen schufen. Der Weg dahin war mit fast unüberwindlichen Hindernissen belegt.
Unsere Veröffentlichung versucht zum ersten Male die technisch-taktische Entwicklung dieser Jahre zusammenzufügen und erlaubt dadurch einen leider immer noch nicht vollständigen Einblick in die Aufbaujahre der deutschen Panzerwaffe. Unter Ausnutzung aller vorhandenen Unterlagen wird der Übergang von der »schwarzen« Reichswehrzeit in die Periode der deutschen Wiederbewaffnung erläutert, die das Übungsgerät für die neue Panzerwaffe schuf. Daß einige der dabei geschaffenen Fahrgestelle als Abarten teilweise selbst noch bei Kriegsende 1945 im Einsatz standen, beweist die Überlegenheit des ursprünglichen Entwurfes. Bemerkenswert ist ferner die Tatsache, daß im Zuge dieser Entwicklung bereits gegen Ende der zwanziger Jahre das Grundkonzept für die später so erfolgreichen Panzerkampfwagen III und IV festgelegt wurde.
Trotz einer fast 30 Jahre dauernden Forschung auf dem Gebiet der Militärfahrzeuge wäre das vorliegende Buch ohne die Mithilfe meiner Freunde Col. R. J. Icks und Dr. F. Wiener nicht möglich gewesen.
Außerdem ist es mir Verpflichtung, den Herren P. Chamberlain, H. Doyle, U. Feist, D. Hunnicutt, H. Scultetus und A. Sohns meinen Dank für jahrelange Mitarbeit auszusprechen.
Anregungen und Kritik der Leser würden dazu beitragen, weitere Auflagen noch vollständiger zu machen.

Walter J. Spielberger

Gepanzerte Kettenfahrzeuge – Entwicklung der Reichswehr 1925 bis 1934

Unmittelbar nach Beendigung des Ersten Weltkrieges entwickelte Joseph Vollmer, der für den Entwurf der ersten deutschen Panzerfahrzeuge verantwortlich war, einen Raupenschlepper für zivile Verwendung. Die Fabrikation dieser »WD. Raupenschlepper« (Deutsche Kraftpflug Ges. Berlin-W) lag in den Händen der Hannoverschen Maschinenbau AG (Hanomag). In Lizenz wurden ähnliche Fahrzeuge auch von Podeus in Wismar und den Dinos-Werken in Berlin gebaut. Die Schlepper wurden in zwei Größen hergestellt, und zwar mit 20 (später 25) PS (4x90x150) und 50 PS (4x130x155) Motoren. Für den Betrieb mit Petroleum wurden diese Triebwerke mit einem Grätzin-Schwerölvergaser ausgerüstet. Die Raupenketten erhielten ihren Antrieb vom Lenkgetriebe her auf die hinten liegenden Antriebsräder. Durch das dazwischenliegende Differential waren die Ketten in ihrer Bewegung unabhängig voneinander. Das Schleppergestell wurde von federnd gelagerten Rollen getragen, die innen auf der Schienenbahn der Raupenketten abrollten. Durch Abbremsen der linken bzw. der rechten Differentialwelle wurde die Drehung der zugehörigen Gleiskette verlangsamt bzw. zum Stillstand gebracht und hierdurch die Lenkung des Schleppers bewirkt. Der Gleiskettenantrieb ermöglichte das Befahren von weichem Boden, da der Bodendruck nur ca. 0,5 kp/cm² betrug. Kleinere Gräben konnten überquert werden. 1924 wurde von der Hanomag eine neue Baureihe von Kettenschleppern vorgestellt.

Nach dem Waffenstillstand von 1918 hatte der Paragraph 171 des Versailler Vertrages bestimmt, daß Deutschland keine gepanzerten Fahrzeuge besitzen durfte, aber auch keinerlei Forschung zu ihrer Entwicklung betreiben konnte. Die Herstellung von gepanzerten Fahrzeugen jeglicher Art war ausdrücklich verboten.

Die sich im Bau befindenden Panzerfahrzeuge mußten auf Befehl der Interalliierten Kontrollkommission für Deutschland zerstört werden, auch ein Wiederaufbau (K-Wagen) wurde untersagt. Die von Vollmer entwickelten Unterlagen über den leichten »LK II« Kampfwagen wurden jedoch sichergestellt, nach Schweden überführt, dort ausgewertet und verbessert. Daraus entstanden im Auftrag der schwedischen Armee die leichten Kampfwagen »m. 21«, welche ab 1921 als Truppengerät dort eingeführt wurden. Mit vier Mann Besatzung wogen diese Fahrzeuge 9,5 t. Sie waren mit einem Scania-Vabis 60 PS Vierzylindermotor ausgerüstet und trugen ein MG als Bewaffnung. Mit diesen Fahrzeugen machte der spätere Generaloberst Heinz Guderian anläßlich eines vierwöchigen Kommandos 1929 bei dem »Strijdsvagn Bataillon« der Goeta-Garde seine erste Bekanntschaft mit Panzern.

Zu dieser Zeit lief bereits, unter größter Geheimhaltung, die Entwicklung neuer deutscher Panzerfahrzeuge.

Brauchbare Unterlagen über den Bau von Panzerfahrzeugen waren zu dieser Zeit nicht vorhanden. Anknüpfungen an Weltkriegserfahrungen waren unzureichend, da die damaligen Fahrzeuge kaum eine Grundlagenforschung erlaubten. Das Heereswaffenamt erarbeitete 1925 in diesem Vakuum Forderungen, die den damaligen Vorstellungen entsprachen. Ein Gesamtgewicht von 20 t wurde festgelegt. Höchstgeschwindigkeit bis zu 40 km/h, Mindestgeschwindigkeit 3 km/h. Länge über alles bis zu 6 m, Breite bis zu 2,6 m. Die Fahrzeughöhe sollte 2,35 m nicht überschreiten. Neben einer Watfähigkeit von 800 mm sollte volle Schwimmfähigkeit vorhanden sein. Steigfähigkeit bis zu 30°, Kletterfähigkeit bis zu einem Meter. Der spezifische Bodendruck sollte nicht mehr als 0,5 kp/cm² betragen. Gasdichtigkeit wurde verlangt. Die Hauptbewaffnung sollte eine Rundum-Feuermöglichkeit besitzen.

Einer der wenigen nach dem Kriegsende in Deutschland verbliebenen »A 7 V«-Tanks während der Unruhen 1919. Der Aufbau dieses Fahrzeuges wurde offensichtlich verändert, um die MG besser unterzubringen. Auch dieses Fahrzeug mußte verschrottet werden.

Das Fahrzeug »LK II«, welches gegen Kriegsende in Serienproduktion gehen sollte. Diese Fahrzeuge waren nicht mehr im Einsatz. Die gesamten Unterlagen wurden von Schweden übernommen.

Der bei der schwedischen Armee laufende »Stridsvagn m.21« war das Produktionsmodell des deutschen »LK II«.

Die 1925 begonnene Entwicklung der »Großtraktor«-Fahrzeuge schuf Prototypen, welche von drei Firmen produziert wurden. Sie waren in ihrem Gesamtaufzug gleich. Bild zeigt das Rheinmetall-Fahrzeug.

Aus Geheimhaltungsgründen wurden 1926 Tarnbezeichnungen für verbotene Entwicklungen eingeführt. Gepanzerte Kettenfahrzeuge erhielten den Tarnnamen »Traktor«. Um die Größe der Fahrzeuge anzugeben, bekamen die Projekte die Bezeichnungen »Großtraktor« (bis 23 t) und »Leichttraktor« (10 bis 12 t).

Aufträge für »Großtraktoren« wurden 1925 an die Firmen Rheinmetall (Dir. Remberg), Krupp/Essen (Dir. Müller) und Daimler-Benz (Dr. F. Porsche und Friedrich) vergeben. Diese Firmen wurden angewiesen, nur Einzelteile in ihren diesbezüglichen Werken zu fertigen und die Fahrzeugkomponenten an das Rheinmetall-Werk in Unterlüß zu übersenden. Jede Firma hatte einen Auftrag über zwei Fahrzeuge erhalten.

Die vorgesehene Entwicklung der »Leichttraktoren« wurde vorläufig verzögert.

Das 1926 aufgestellte 1. Motorisierungsprogramm sah u. a. auch Selbstfahrlafetten für die 3,7 cm Tak, sowie die 7,5 cm leFK vor. Diese Entwicklung wurde der Firma Krupp übertragen mit der Auflage, daß diese Fahrzeuge auch als Zugmaschinen für Minenwerfer und Infanteriegeschütze verwendet werden sollten. Überhaupt wurde zu dieser Zeit, hauptsächlich aus finanziellen Gründen, auf Einbürgerung (Subvention) größter Wert gelegt. Von der Industrie wurde verlangt, Heeresfahrzeuge so zu entwickeln, daß sie mit geringstem Aufwand auch von der Wirtschaft verwendet werden konnten. Man versprach sich damit im Ernstfalle eine ausreichende Anzahl kriegsbrauchbarer Fahrzeuge.

Während des Sommers und Herbstes 1926 liefen in Moskau Verhandlungen über die Errichtung einer Kampfwagenschule in Kama bei Kasan, die am 9. 12. 1926 zu einem Vertrag führten. Weil aber die Russen keine Kampfwagen zur Verfügung stellten und deutsche Panzerfahrzeuge noch nicht geliefert werden konnten, dauerte es noch zwei Jahre, bis die Schule in Kama mit der Ausbildung beginnen konnte. Es ermöglichte sich dadurch eine praktische Ausbildung von Panzerspezialisten zu einer Zeit, wo diese Tätigkeit in Deutschland unmöglich war.

An der Selbstfahrlafetten-Entwicklung beteiligte sich außerdem die Firma Horch, die 1926 ein Räder-Raupenfahrzeug in Angriff nahm, welches auch als Lastenträger für verschiedene Zwecke verwendet werden sollte. Außer den leichten waren auch verschiedene Typen schwerer Selbstfahrlafetten verlangt. Die Firma Dürkopp in Bielefeld befaßte sich mit dem Entwurf eines Räder-Raupenfahrzeuges, welches zur Aufnahme der 7,7 cm bzw. 8,8 cm Flak bestimmt war. Mit abgenommenen Raupen sollten die Dürkopp-Fahrzeuge auch als Dreiachser-Lkw laufen. Ebenfalls als Dreiachser mit drei angetriebenen Achsen war ein Krupp-Entwurf ausgelegt.

Der »Großtraktor«-Prototyp der Firma Krupp. Die Öffnungen in der Wannenseite ermöglichten die Schmutzabfuhr von den Stützrollen. Klar erkenntlich ist der hintenliegende Nebenturm.

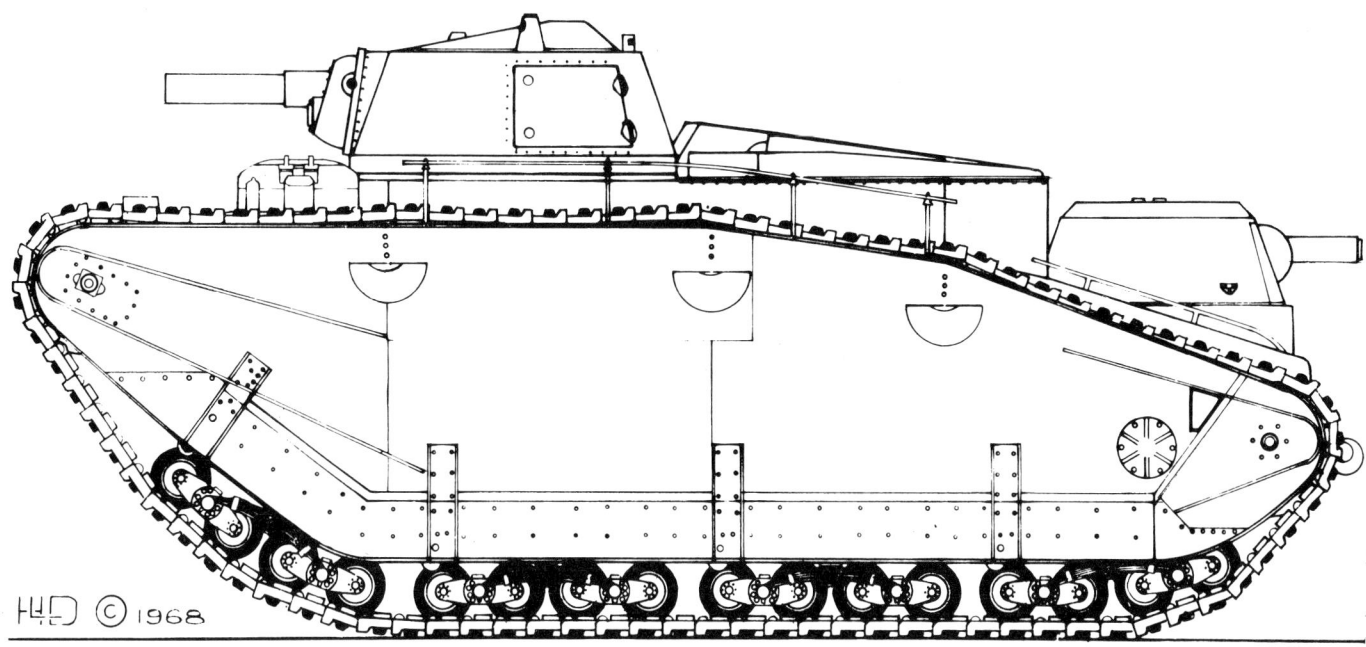

Eine Gesamtansichtsskizze des Daimler-Benz-»Großtraktors I«.

1927 erfolgte die streng geheime Montage aller in Entwicklung befindlichen »Großtraktoren« in den Hallen der Firma Rheinmetall in Unterlüß.

1927 wurde auch die Firma Rheinmetall in die Selbstfahrlafetten-Entwicklung eingeschaltet. Im Auftrag des Reichswehrministeriums wurde ein handelsüblicher WD-Schlepper mit Geschütz als Selbstfahrlafette ausgerüstet. Dieser handelsübliche Schlepper 25 PS wurde mit einem 3,7-cm-Geschütz L/45 bestückt, welches eine V von 760 m/sek hatte. Bei einem Seitenrichtfeld von 30° betrug das Höhenrichtfeld −5° bis +30°. Zusätzlich erfolgte eine ähnliche Entwicklung mit der schweren Ausführung des WD-Schleppers. Die Rheinmetall rüstete den WD-Schlepper 50 PS mit einem 7,7-cm-Geschütz und einem gekoppelten MG aus. Bei 360° Traverse betrug das Höhenrichtfeld −7° bis +15°. Fahrzeuge und Bewaffnung waren teilweise durch Panzer geschützt.

Zur Tankbekämpfung war zu dieser Zeit hauptsächlich die 3,7-cm-Tankabwehrkanone L/45 gedacht, die entweder pferdebespannt, mit Schlepper gezogen oder auf einer Selbstfahrlafette untergebracht, an die Truppe ausgegeben werden sollte. 1927 wurde festgestellt, daß im Gerätebereich der Inspektion 6 (K) die Förderung der Versuche mit »Tak's auf Sfl« vordringlich sei. Beschaffungsmäßig wurde zu dieser Zeit erwogen, die vorgesehenen 20 Züge mit insgesamt 119 Tak-Selbstfahrlafetten auszurüsten.

1928 wurden die ersten »Großtraktoren« fertiggestellt. Dabei handelte es sich hauptsächlich um Fahrzeuge der Firmen Rheinmetall und Krupp, die »Großtraktoren« der Daimler-Benz folgten 1929. Rheinmetall hatte ein Gleiskettenfahrzeug mit Cletrac-Lenkgetriebe entwickelt, welches ein Gefechtsgewicht von 19 t erbrachte. Der eingebaute BMW-Flugmotor von 250 PS Leistung gab dem Fahrzeug eine Höchstgeschwindigkeit von 40 km/h. Sechs Mann Besatzung waren durch 13

◀ **Die Firma Daimler-Benz stellte ebenfalls zwei dieser Prototypen her. Dieses Fahrzeug stand für lange Zeit in der Kaserne des Panzerregimentes 5 in Wünsdorf.**

◀ **Die Rückansicht des Fahrzeuges zeigt die Anordnung des Haupt- und Nebenturmes mit der dazwischengeschobenen Maschinenanlage.**

mm starke Panzerung geschützt. Bei diesen Typen kamen ausschließlich unvergütete Bleche zur Verwendung. Das Kaliber der Hauptbewaffnung betrug 7,5 cm bei einer V° von 450 m/sek. Während das Seitenrichtfeld 360° betrug, ergab sich ein Höhenrichtfeld von −12° bis +60°. Die MG-Walzenblendenerhöhung ging von −15° bis +80°. Eines dieser Fahrzeuge wurde zusammen mit den beiden Krupp-Panzern als Lehrgangsausrüstung nach »Kama« verlegt. Das zweite Rheinmetall-Fahrzeug verunglückte am 30. 10. 1929 beim Prüfen seiner Schwimmfähigkeit. Die Fahrzeuge wurden in späteren Jahren in Putlos zur Ausbildung verwendet.

In der Zwischenzeit ging die Montage der beiden Daimler-Benz-Fahrzeuge in Unterlüß ihrer Vollendung

Die folgende Bilderreihe zeigt den Zusammenbau des ersten Prototyps in Unterlüss Mitte Januar 1929. Der in Weichstahl ausgeführte Wagenkasten wog 4193 kp.

Kastenaufbau mit eingebauten Antriebsrädern. (oben rechts)

Neben den Antriebsrädern sind die eingebauten Rollenwagen mit Federung zu erkennen. (Mitte rechts)

Die Vorderansicht des Fahrzeuges mit geschütztem Scheinwerfer. Das Bug-MG wurde erst nachträglich eingebaut. (unten rechts)

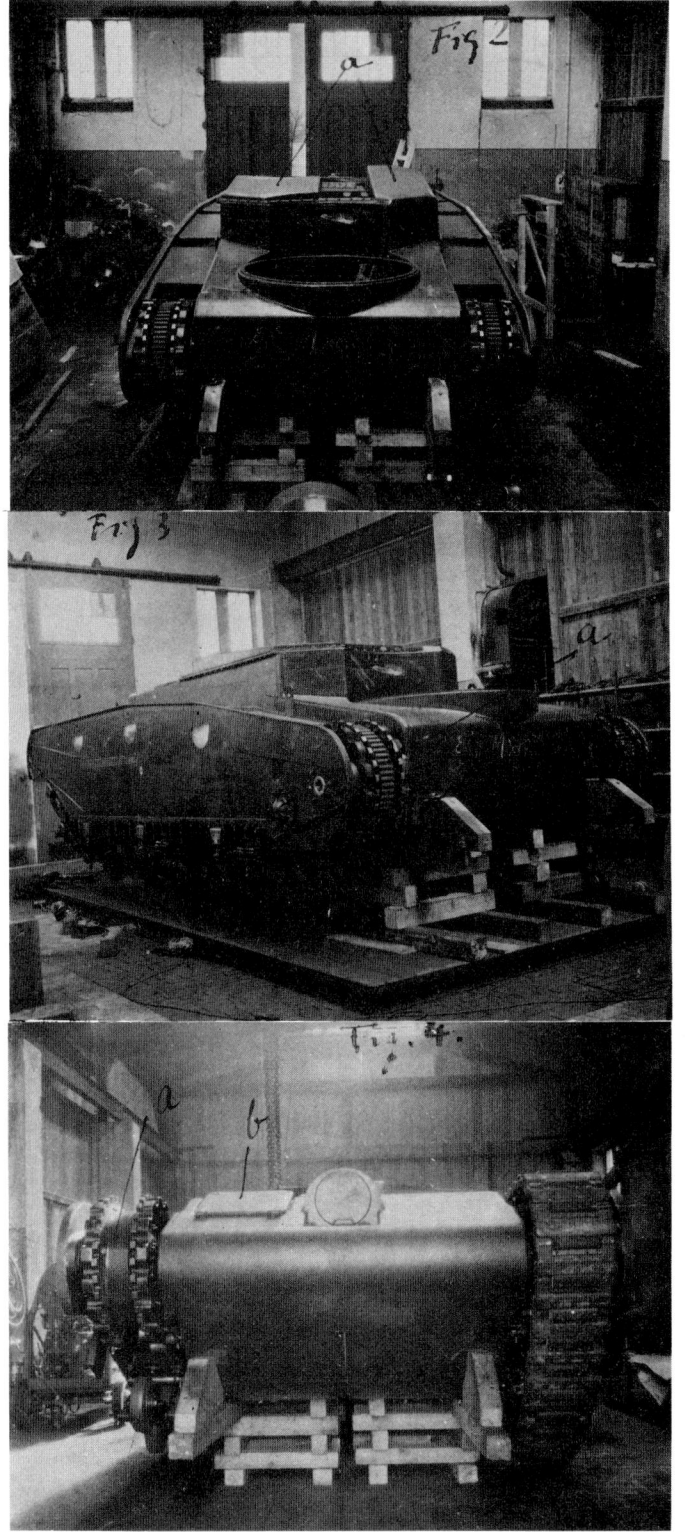

Die Decke des Maschinenraumes und Seitenganges von vorne nach rückwärts gesehen.

Als Triebwerk wurde ein ehemaliger Flugzeugmotor des Typs »182 206« eingebaut, der ohne Räderkasten und Hilfsmotor 604 kp wog.

entgegen. Das Zentral-Konstruktionsbüro in Unter-türkheim unter der Leitung von Prof. Porsche hatte ein Fahrzeug geschaffen, welches noch weitgehendst den englischen Tanks des Ersten Weltkrieges ähnelte. Lediglich ein Drehturm mit 360° Traverse war vorgesehen. Die 15 t schweren Fahrzeuge waren in Weichstahl hergestellt, hatten eine selbsttragende Wanne und waren schwimmfähig. Motormäßig kam ein ehemaliger Flugmotor (Typ F 182 206, Baujahr 1918) zur Verwendung, der nunmehr als Typ »D IV« bei n=1450 eine Höchstleistung von 300 PS aufwies. Dieser Sechszylinder-Vergasermotor mit stehenden Einzelzylindern hatte einen Gesamtinhalt von 31,2 l und wog 604 kp. Ein DKW Zweizylinder Zweitaktmotor mit 10 PS war als Anlaßaggregat vorgesehen. Der selbsttragende Wagenkasten wog 4193 kp. Der Antrieb lag hinten. Bemerkenswert war ferner die Tatsache, daß die Schaltung des Planetengetriebes (6 V-, 2 R-Gänge) sowie

Das Schaltgetriebe des Daimler-Benz-Fahrzeuges. Der Kulissenschalthebel ist rechts am Getriebe zu erkennen. Am Abtrieb des Getriebes befindet sich eine Außenbandbremse.

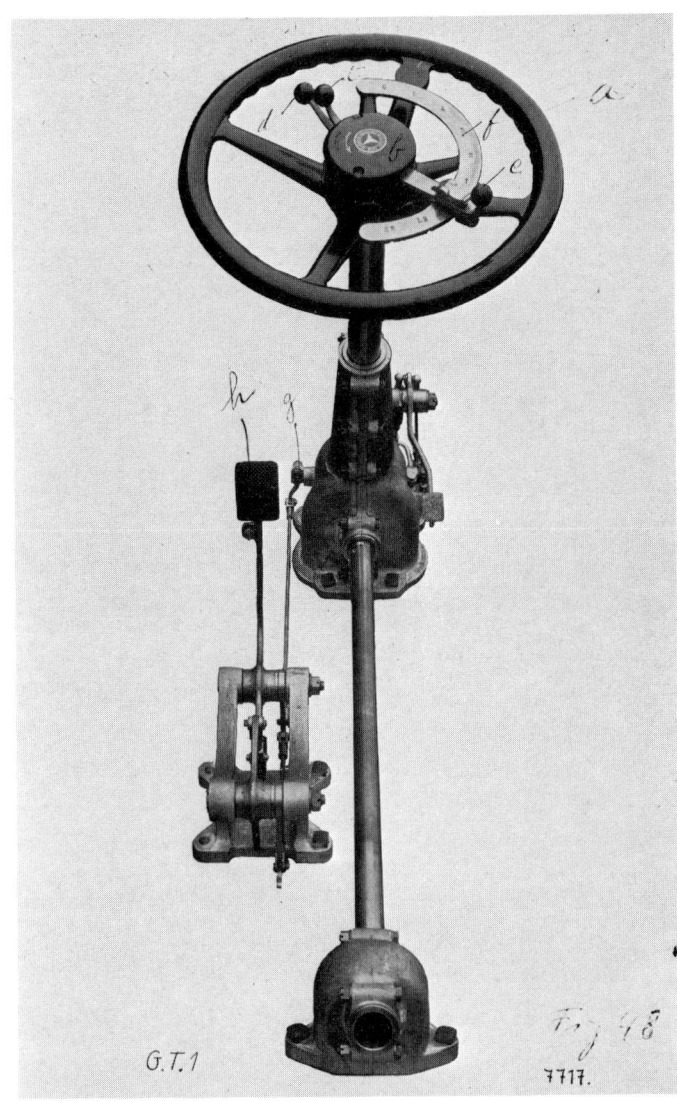

Die Lenkung des »Großtraktors« erfolgte mittels Lenkrad.

die Lenkung hydraulisch erfolgten. Die hydraulisch betätigten Fahrzeugbremsen konnten gleichzeitig als Kupplung verwendet werden. An jeder Seite waren vier durch Blattfedern abgestützte Laufrollenaggregate (Laufrollengröße (300) 90-203, Gewicht eines Federwagens 179 kp) und hydraulische Abstützzylinder angebracht. Die Gleisketten (Typ MK 6/380/160) hatten eine Breite von 380 mm und wurden mehrmals geändert. Die Hauptbewaffnung hatte ein Kaliber von 7,5 cm bei einer Gesamtlänge von 1500 mm (L/20) und

Zum Bewegen des Fahrzeuges im Wasser stand dieser Schraubenantrieb zur Verfügung.

Die Gleisketten des »Großtraktors« vom Typ »MK 6/380/160«. Die Gleitrollen sind gut erkennbar. An der Außenseite ließen sich Gummipuffer einschieben. Das Gewicht pro laufenden Meter Kette betrug 61,3 kp.

Ein Rollenwagen mit Blattfeder vor dem Einbau.

war zusammen mit einem schweren MG im Hauptdrehturm untergebracht. Ein zweiter Drehturm auf dem Fahrzeugheck nahm ein weiteres sMG auf. Der Einbau eines dritten sMG im Fahrzeugbug wurde nachträglich während der Montage durchgeführt. Sechs Mann Besatzung waren vorgesehen. Die Gesamtkonzeption war nicht ganz geglückt. Der Kommandant war neben dem Fahrer im Bug des Fahrzeuges untergebracht, konnte nach rückwärts überhaupt nicht sehen und war auch sonst wegen der vorspringenden Kettentrumme und des tiefliegenden Sitzes unvorteilhaft plaziert. Laut Nachtragsrechnung der Daimler-Benz vom 18. 3. 1928 wurde die Ausstattung mit Funkgeräten noch während des Baues befohlen. Die Fahrzeuge der Firma Krupp waren ähnlich ausgelegt.

Eine Besprechung im Truppenamt am 14. 3. 1928 über das Kraftfahr-Rüstungsprogramm ergab bei den »Traktoren« die folgende Situation: Beim »Großtraktor« (15 t) erfolgte die Lieferung von sechs Versuchsstücken im Sommer 1928. Die Erprobung war von 1929 bis 1930 geplant. 1931 sollte die Beschaffung beginnen. Zuerst war die Ausrüstung für eine Kompanie (17 Wagen) vorgesehen, weitere nach Maßgabe vorhandener Mittel. Der Beschaffungspreis für eine Kompanie war mit etwa 2,5 Millionen Mark angesetzt. Beim »Kleintraktor« war die Lieferung der ersten Versuchsstücke für Oktober 1929 vorgesehen. Sie sollten ab 1930 erprobt werden. Ab 1931 war ihre Beschaffung nach Maßgabe vorhandener Mittel vorgesehen. Zunächst sollte die Ausrüstung für eine Kompanie (17 Wagen) beschafft werden. Der Preis pro Wagen betrug ca. 50 000 Mark. Beschaffungssumme daher etwa 1 Million Mark. Sollten ab 1931 jährlich je eine »Großtraktor-« und »Kleintraktor«-Kompanie beschafft werden, mußten die »Sonderkosten« verringert werden.

Eine Referentenbesprechung beim Wehramt am 25. 6. 1928 befaßte sich mit dem Rüstungsprogramm für Kampfwagenabwehrwaffen. Als Grundlage für die laufenden Arbeiten am Rüstungsprogramm legte man folgenden Bedarf an Tankabwehrkanonen fest:

A)	Tak (Pferdebespannt oder mit Schlepper gezogen))	354 Stück
B)	Tak (auf Schlepper montiert)	138 Stück
C)	Takrohre für leichte Traktoren	34 Stück
D)	Takrohre für Panzerkraftwagen	40 Stück

20

Insgesamt wurden daher 566 Takrohre (3,7 cm) gefordert. Wegen Bestellung der 129 über die bisherigen Festsetzungen hinausgehenden Takrohre mit der notwendigen Munition folgten weitere Vorlagen beim Rüstungsprogramm. Zuerst mußten die Mittel geklärt werden.

Diese waren erneut festzulegen für die zusätzlichen Takrohre, für die Munition der 129 Tak und für Pivotierung und Herrichtungsarbeiten von 138 Schleppern zu Selbstfahrlafetten. Das 7,5-cm-Geschützprogramm lief in der Zwischenzeit weiter, und zwar waren 34 dieser Rohre für die Bestückung der »Großtraktoren« vorgesehen, während sechs Versuchsstücke für die Kampfwagenabwehr beschafft wurden. An schweren MG wurden bereitgestellt: 138 Stück für Tak auf Schleppern, für die leichten »Traktoren«, für die »Großtraktoren« je 3 oder insgesamt 102 Stück. Ferner wurden noch sechs sMG für die Kampfwagenabwehr bestellt.

Am 19. 7. 1928 vermittelte die Heeresleitung mit Schreiben IV Nr. 560/28 geh. Kdos. Wehramt In 6 (K) die endgültigen Forderungen für den Bau des »Leichttraktors«. WaPrüf war gebeten worden, auf Grund dieser Forderungen an die Firmen Daimler, Krupp und Rheinmetall Aufträge auf Konstruktion und Fertigung von je zwei Fahrzeugen zu erteilen. Die Konstruktionsentwürfe der drei Firmen sollten so bald als möglich zur Genehmigung vorgelegt werden. Sollte die Firma Daimler den Auftrag nicht übernehmen können, wurde angeraten, bei den verbleibenden Firmen ein drittes Fahrgestell in Auftrag zu geben. Eine Firma sollte sich mit einem gepanzerten Nachschubfahrzeug befassen, während die andere eine 3,7-cm-Kampfwagen-Abwehr-Selbstfahrlafette entwickeln sollte. Die allgemeinen Forderungen besagten, daß der »Kleintraktor« ein leichter Kampfwagen war. Seine Bezeichnung wurde in »Leichttraktor« umgeändert.

Innerhalb der Heeresmotorisierung sollte das Fahrgestell gleichzeitig verschiedene Aufgaben erfüllen. Es war vorgesehen als Lastenträger (Selbstfahrlafette für 3,7-cm-Tak, Munitions- und Verpflegungsnachschubfahrzeug für Verwendung in vorderen Frontlinien mit entsprechend gepanzertem Aufbau). Ferner als Schlepper für leichte und möglichst auch mittlere Lasten. Eine Einbürgerungsmöglichkeit des Fahrgestelles in der Wirtschaft war anzustreben.

Für die Ausführung als »Leichttraktor« wurde eine Reihe besonderer Forderungen erhoben. Eine vorerst halbautomatische 3,7-cm-Kanone (Abmessungen für Vollautomatik waren zu berücksichtigen) war mit einem schweren MG im Drehturm mit 360° Traverse gekuppelt. Ein möglichst großes Höhen- und Tiefenrichtfeld war vorzusehen. An Munitionsmindestmenge waren 150 Schuß für die Kanone und 3000 Schuß für das MG vorgeschrieben. Bei Mehrausstattung hatte die Geschützmunition den Vorrang. Sitze für vier Besatzungsmitglieder (Schütze und Kommandant im Turm, Fahrer und Funker in der Wanne) wurden verlangt.

Die Panzerung war SmK.-sicher; es sollte angestrebt werden, alle lebenswichtigen Teile gegen 13 mm zu schützen.

An Leistungen wurde eine Durchschnittsstraßengeschwindigkeit von 25 bis 30 km/h gefordert. Geländegeschwindigkeit wurde mit 20 km/h festgelegt. Als Dauerleistung wurden 150 km in 6 Stunden erwartet. Die Steigfähigkeit hatte 60 % (31°) auf einer Strecke von mindestens 1 km bei einer Geschwindigkeit von 3 km/h zu betragen. Eine weitere Erhöhung der Steigfähigkeit war anzustreben. Kletter- und Watfähigkeit betrugen je 600 mm. Bei einer Bodenfreiheit von mindestens 300 mm wurde eine Grabenüberschreitfähigkeit von wenigstens 1500 mm verlangt. Der Wirkungsbereich mit einer Kraftstoffüllung (Straßenfahrt) war auf 150 km festgelegt, 200 km waren zu erstreben. Volle Geländefahrbarkeit in jedem für Infanterie noch gut gangbaren Gelände (0,5 kp/cm² Bodendruck) wurde vorgeschrieben. An Nachrichtenmitteln waren ein Funkgerät für Telephonie und Telegraphie vorgesehen. Die Reichweite des Telephons hatte 2 km, die der Telegraphie 7 km zu betragen. Ein Sammelschutz für Gassicherheit war verlangt. Ein fest eingebautes Nebelgerät reichte für 20 Minuten Vernebelungsdauer.

Der »Leichttraktor« der Firma Rheinmetall, der im Drehturm eine 3,7-cm-Panzerabwehrkanone führte. Lediglich Prototypen wurden gebaut.

Die Firma Rheinmetall schuf auch die ersten gepanzerten Selbstfahrlafetten, welche auf dem »WD«-Traktor-Fahrgestell der Hanomag basierten. Das leichtere Fahrgestell war mit der 3,7-cm-Tak L/45 bestückt. Davon sollten 138 Stück beschafft werden.

Schwimmfähigkeit war erwünscht und sollte mit Hilfe von Zusatzschwimmgeräten ermöglicht werden. Das Gesamtgewicht war so gering wie möglich zu halten und sollte 7,5 t nicht überschreiten.
Am 27. 7. 1928 teilte das Heereswaffenamt der WaPrüf. 6 mit, daß die Firma Daimler jeden Entwicklungsauftrag für »Leichttraktoren« ausdrücklich abgelehnt habe. WaPrüf wurde gebeten, nicht mehr mit dieser Firma in Verbindung zu treten. Das Schreiben T Nr. 691/28 gKdos II des Heereswaffenamtes vom 1. 8. 1928 beschäftigt sich mit der Einfuhr von Kriegsgerät im A-Falle. In erster Linie kamen dabei leichte und mittlere Tanks aus England, Schweden und der Tschechoslowakei (R/R KH 50-Vollmer) in Betracht.
1928/29 lief bei der Rheinmetall parallel zur Entwicklung der WD-Schlepper die Entwicklung des Turmes zum Erkundungswagen und des Leichttraktors. Ein Versuchsstück wurde ausgeführt und für den Erkundungswagen (8-Rad) vorgesehen. Der Turm war bestückt mit einem 3,7-cm-Geschütz L/45 und mit einem MG neben der Kanone. Bei einem Seitenrichtfeld von 360° ergab sich eine Höhe von −10° bis +70°.
Die Situation bei der »Großtraktor-«Entwicklung und das Verhältnis zuständiger Dienststellen zu ausländi-

Die 50-PS-Ausführung des »WD«-Schleppers wurde für die 7,7-cm-Feldkanone verwendet. Diese Entwicklung wurde nicht weitergeführt.

schen Erprobungsstätten zeigt sich in einem Brief, den WaPrüf 6 bei WaPrfw. am 8. 9. 1928 vorlegte. Es ergaben sich eine Reihe von Überlegungen und anschließenden Vorschlägen: »Der Zweck der Konstruktion und des Baues der »Großtraktoren« war, Modelle zu schaffen, aus denen nach eingehender Erprobung ein endgültiges Muster für spätere Einführung und Massenfertigung entstehen sollte.«

Bei dem Umfang der in viele Teile zerfallenden Aufgabe konnte dieses Ziel nur erreicht werden, wenn die Versuche mit den jetzt in Arbeit befindlichen Modellen in engster Zusammenarbeit aller von WaPrüf beteiligten Personen sowie der Konstrukteure der verschiedenen Firmen vorgenommen wurden. Das würde durch die beabsichtigte Erprobung in Rußland in keinem Falle möglich sein. Personal des WaPrfw. konnte aus politischen Gründen nicht ununterbrochen so lange oder wiederholt auf kürzere Zeit in Rußland tätig sein wie erforderlich. Abgesehen davon würde eine solche lange Abwesenheit die Förderung anderer wichtiger Aufgaben in der Motorisierung erheblich hemmen. Auch schien es fraglich, ob sich alle Firmen, und in diesen wieder einzelne Personen bereitfinden werden zu einer Erprobung in Rußland. Ebenso war es fraglich, ob immer die Personen gemeinsam in Rußland sein konnten, deren Zusammenarbeit notwendig war. Der

Die Gestaltung der Kettenlaufwerke schuf zu dieser Zeit fast unüberwindbare Probleme. Bilder zeigen die ersten gefederten Laufwerke mit stahlbewehrter Gummikette an einem »Hoen«-Raupenschlepper.

Transport der Fahrzeuge nach Rußland dürfte sich nicht einfach gestalten und brächte manche Gefahren innen-, sowie außenpolitischer Natur mit sich. Teilversuche, Abänderungen und Neukonstruktionen einzelner Teile würden nur bei den deutschen Herstellungsfirmen oder Konstruktionsstellen ausgeführt. Dadurch entstünden häufige Transporte und erhebliche Zeitverluste. Ferner würde Deutschland seine geheimsten und neuesten technischen Probleme Rußland preisgeben, ohne die Gewähr zu besitzen, daß daraus genügend Nutzen entspringen würde. Da die gesamten Reise- und Aufenthaltskosten – auch für das Personal der verschiedenen Firmen – vom Reichswehrministerium getragen werden mußten, verursachte die Erprobung in Rußland ganz außergewöhnlich hohe Kosten. Wie konnte man sich nun auf Grund der innen- und außenpolitischen Zwangslage die besten Ergebnisse aus der bisherigen Arbeit und den eingesetzten hohen Mitteln erhoffen? Von den vielen bei der Entwicklung der »Großtraktoren« mitspielenden Problemen war eines die Grundlage und Hauptsache, nämlich das das Laufwerk. Alle anderen Aufgaben – Geschütztürme, MG-Türme, Beobachtungsmittel, FT-Anlage, Gassicherheit, Luftzuführung, Panzerung usw. blieben wertlos, solange das Hauptproblem – Laufwerk – nicht gelöst war. Selbst im Auslande hatte man zu dieser Zeit noch keine brauchbare Lösung gefunden, sie wurde als wichtigste Aufgabe allen anderen Problemen

Ein anderes, diesmal ungefedertes Kettenlaufwerk am Raupenschlepper Typ A der Wotan-Werke, Leipzig. Dieses 1926 vorgestellte Versuchsfahrgestell hatte den Daimler-Mercedes 4-Zylindermotor M 1574 mit 100 PS Leistung eingebaut.

gegenüber in den Vordergrund gestellt. Die übrigen genannten Aufgaben waren zwar schwierig, bildeten jedoch nicht Hauptprobleme in dem Sinne wie das Laufwerk.

Daher wurde der folgende Vorschlag vorgebracht: Von den drei Modellen (je 2 Stück) sollte je eines in Unterlüß fertig montiert werden. Keines sollte die Montagehallen verlassen. Sie sollten lediglich zur Erprobung des gesamten Zusammenbaus dienen, soweit dies in den Hallen möglich war. Nachdem der allgemeine Eindruck gewonnen worden war, sollten die drei aufgebauten Modelle baldigst wieder auseinandergenommen werden. Einzelne Teile bildeten keine Gefahr, da die Sicherheit in Unterlüß als gut bezeichnet wurde.

Die Montage der drei anderen Modelle sollte sofort eingestellt werden. Es war alles abzumontieren bis auf das Laufwerk. Bei jedem dieser Fahrzeuge war der Panzeraufbau in Längsrichtung aufzuschneiden. Lediglich das Laufwerk blieb übrig, oben offen mit Motor- und Getriebeanlage. So sah das Fahrzeug einem Kettenschlepper ähnlich, wie sie zu jener Zeit beim Ausbildungskommando WaPrüf 6 in Kummersdorf seit längerer Zeit liefen. Mit ihren etwas größeren Ausmaßen sollten die »Traktoren« dann als schwere Zugmaschinen für den Scheibenzug verwendet werden. Außerdem bildete das Fahrzeug ein Gegenstück zum festen Kettenprüfstand, indem es als fahrbarer Kettenprüfstand für Schlepperversuche Verwendung finden sollte. Im Kraftfahrversuchsbetrieb der WaPrüf 6 in Kummersdorf fielen die Fahrzeuge weniger auf als in Unterlüß, wo ein solcher Betrieb nicht ständig war.

Alle übrigen Teile sollten in Unterlüß, teilweise auch in Kummersdorf, einzeln abgestellt werden. Die Fahrzeuge selbst sollten verpackt nach Kummersdorf überführt werden. So konnte das Laufwerk am besten, schnellsten und billigsten erprobt werden. Die Weiterentwicklung der übrigen Teile ließ sich unauffällig durch Einzelversuche fördern. Die Schwimmversuche waren zunächst zurückzustellen, was im Vergleich zur Lösung des Gesamtproblems unbedenklich in Kauf genommen werden konnte. In der Zwischenzeit waren die bei der Technischen Versuchsanstalt in Hamburg durchgeführten Kleinmodellversuche (1:10) zur Erprobung der Schwimmfähigkeit abgeschlossen worden. Dabei war die günstigste Wasserschraubenform festgelegt worden. Zwei dieser Schrauben, abschaltbar, waren zum Lenken des Fahrzeuges im Wasser vorgesehen. Trotzdem sich WaPrüf dem Vorschlag, die Fahrzeuge in Deutschland zu belassen, anschloß, gingen die ab 1929 zur Verfügung stehenden ersten Prototypen nach Rußland.

Rheinmetall begann mit der Entwicklung des »Leichttraktors« im Auftrage des O.K.H. 1929. Im Wettbewerb mit Krupp baute die Firma drei Versuchsstücke. Sie waren als Gleiskettenfahrzeuge mit Cletrac-Lenkgetriebe ausgelegt. Im Turm waren eine 3,7-cm-Kanone L/45 und ein MG vorgesehen. Bei 360° Traverse ging das Höhenrichtfeld von −10° bis +30°, das Fahrzeuggewicht betrug 8,5 t. Ein 100-PS-Motor gab dem Fahrzeug eine Höchstgeschwindigkeit von 35 km/h. Vier Mann Besatzung waren durch 13 mm starke Panzerung geschützt. Das dritte Fahrzeug wurde als Sfl. mit Geschütz in Sockellafette ausgerüstet.

Im Beschaffungsprogramm vom 25. 3. 1929 Nr. 1105/29 gKdos waren folgende Kostenansätze vorgesehen:

Sf Tak	14	RM	280 000
Pivots und Panzer	138	RM	138 000
Raupenaggregate	70	RM	350 000
Panzerkraftwagen	36	RM	3 600 000	4 Probestücke
Großtraktor	17	RM	3 400 000	6 Probestücke
Leichttraktor	34	RM	1 700 000

daneben noch 24 Klkw (Dixi) mit 80 000 Mark

Für die folgenden Jahre wurden als Ansatz im Haushaltsplan für die In 6 (K), Kosten für Beschaffungen wie folgt festgelegt:

1930 = RM 2 727 730
1931 = RM 3 488 811
1932 = RM 4 212 732

Die Suche nach einer brauchbaren Tankabwehr-Zwischenlösung wurde immer dringender. Ein Abschlußbericht des Waffenamtes über die Versuche mit einem L.H.B. 50-PS-Schlepper ließ es fraglich erscheinen, ob der Schlepper für die 3,7-cm-Tak geeignet sei. Sein Aufzug erscheine reichlich hoch, seine Breite biete ein zu großes Ziel, und seine Geländegängigkeit wäre unzureichend. Truppenamt ersucht um beschleunigte Stellungnahme über das Verhalten der W. D. Schlepper 28 PS und 50 PS.

Ab 1930 wurden die ersten verfügbaren »Kleintraktoren« eingehenden Erprobungen unterzogen. Am 1. 1. 1930 waren die Versuche wie folgt fortgeschritten: Beim »Großtraktor« waren alle Modelle abgeschlossen, der Truppenversuch war eingeleitet. 1930/31 waren RM 450 000 und 1931/32 RM 1 000 000 dafür eingesetzt. Für die Fahrgestelle des »Leichttraktors« standen für dieselbe Zeit RM 400 000 bzw. RM 150 000 zur Verfügung. Weiterverfolgung dieser Pläne war davon abhängig, ob der Bau von Einheitsfahrzeugen verwirklicht werden sollte. Beim »Kleintraktor« war ein Ideenentwurf in Bearbeitung, dafür waren 1931 bis 1932 RM 400 000 angesetzt. Sollte der Bau des »Großtraktors« entfallen, so würden Mittel in ausreichender Höhe für die Entwicklung des »Kleintraktors« bereits 1930 zur Verfügung stehen. Bei den schweren Selbstfahrlafetten (Waffenträger) für K-Flak und Kw.-Geschütz, von denen Muster der Firmen Dürkopp und Krupp sich in der Fertigung befanden, wurden jeweils RM 80 000 für 1930/31 angesetzt. Eine Beschaffung war fraglich, da erst nach Erprobungsabschluß sämtlicher Typen eine Entscheidung über die Auswahl von Idealtypen getroffen werden konnte. Für die Entwicklung der drei Einheitsfahrzeuge (leichte Selbstfahrlafette, schwere Selbstfahrlafette und Zugmaschine) wurden für 1931/32 weitere RM 300 000 in Aussicht gestellt.

Unabhängig von der Fahrzeugentwicklung liefen weitere Versuche, die im Rahmen der Motorisierung große Bedeutung erlangten: Synthetisches Motorenöl war noch in der Entwicklung, seine Lösung war von gleicher Bedeutung wie die des synthetischen Benzins. Die Lösung dieser Aufgabe lag im dringendsten Interesse der Landesverteidigung. Die Erschließung neuer heimischer Rohstoffquellen (Ölschiefer) wurde wegen Unwirtschaftlichkeit nicht weiterverfolgt. Jedoch war zur Deckung des Gesamtbedarfs an Ölen eine Ausnützung aller Quellen erforderlich. Eine erhöhte Ausnutzung von Braunkohle für Kraftstoff war noch in Entwicklung. Dabei handelte es sich um ein besonders wichtiges Problem infolge der günstigen zentralen Lage des Braunkohlenreviers in Mitteldeutschland. Eine weitere Ausnutzung der Steinkohle als verflüssigtes Kraftgas als Kraftstoff wurde angestrebt.

Eine Besprechung des Entwicklungsausschusses vom 14. 2. 1930 ergab manche grundsätzliche Stellungnahme. Das Thema Motoren für Sonderbetriebsstoffe, luftgekühlte Motoren und Betriebsstoffe wurde in seiner Wichtigkeit anerkannt. Es konnte jedoch nicht Aufgabe militärischer Stellen sein, dafür erhebliche Mittel einzusetzen, um damit Schrittmacher für andere interessierte Stellen (Post, Bahn, Wirtschaftsministerium, Wirtschaft) zu werden. Die Erfahrung, daß die Entwicklung militärischen Stellen überlassen wurde und die Wirtschaft sie dann nach günstigem Ergebnis übernehmen wird, dürfte lediglich zu der Schlußfolgerung führen, daß militärische Stellen zwar nach wie vor treiben und anregen, nicht aber derart erhebliche Mittel (RM 30 000 und RM 80 000) in die Entwicklung hineinstecken.

Bei der Zugmaschine für Kampfwagenabwehr und Infanteriegeschütz wurde festgestellt, daß eine Verwendung für die Kampfwagenabwehr ausscheiden würde. Es stand zu dieser Zeit eine geeignete kleine Zugmaschine zur Verfügung, deshalb war zunächst keine weitere Entwicklung notwendig. Bezüglich der leichten Selbstfahrlafette für Kampfwagenabwehr wurde die Entwicklung des Kettenfahrzeuges Krupp und des Räder/Kettenfahrzeuges Horch fortgeführt, da bereits große Mittel dafür eingesetzt waren. Auch war es fraglich, ob sich das Fahrgestell des »Leichttraktors« für diesen Zweck eignen würde.

Die Aufnahme der Entwicklung des »Kleintraktors« war gelegentlich einer Besichtigung des Chefs des Heereswaffenamtes in Kummersdorf bereits angeordnet worden. Forderungen waren noch aufzustellen für eine Verwendung als a) Erkundungsfahrzeug, b) Waffenträger und c) kleine Zugmaschine. Ob das Fahrzeug als Kleinkampfwagen verwendbar war, war fraglich. Deshalb sollte eine neue Bezeichnung (z. B. gepanzertes Erkundungsfahrzeug) eingeführt werden, da die alte Bezeichnung irreführend war. Der Kauf eines englischen Carden-Loyd-Fahrgestelles wurde angeregt, da damit eine eigene jahrelange Entwicklung unter Umständen unnötig würde.

Die Erprobung der »Großtraktoren« war 1930 durchgeführt. Eine weitere Entscheidung war vorbehalten. Es wurden jedoch keine weiteren Fahrzeuge dieser Art beschafft.

Für das zweite Beschaffungsprogramm (1933 bis 1938)

waren laut Planstudie vom 10. 2. 1931 für die Kraftfahrtruppe u. a. 37 »Leichttraktoren« und 20 »Kleintraktoren« vorgesehen.

Spezial-MG zum Einbau in Kampfwagen wurden gefordert, und zwar 3 sMG für die Bestückung des »Großtraktors,« ein sMG für die Selbstfahrlafette und ein MG für den »Leichttraktor« (vorgesehen Flz MG S-2-200). Die Forderung nach einer vollautomatischen 20-mm-Waffe wurde erhoben für den »Kleintraktor« (Tankjäger) und für den behelfsmäßigen Panzerkraftwagen. Dabei ergab sich folgender Stand für die Jahre 1931/32

a) Großtraktor
   1931 3 sMG eingebaut
   1932 keine Änderungen

b) Leichttraktor 1 Söda MG (zusammen mit einer 3,7-cm-Tak)

c) Kleintraktor (Tankjäger Krupp — Eingebaut ist ein Rheinmetall 2-cm-MG in Schartenwalze
   1931 Holzmodellaufbau fertig
   1932 Ende des Sommers, wenn Versuch mit Fahrgestell beendet, erfolgt Holzmodellaufbau und Weiterentwicklung.

d) Sfl Rheinmetall (Aufbau des »Leichttraktors«, jedoch oben aufgeschnitten) ist 1931 nicht weiterentwickelt worden. Ein sMG zusammen mit der 3,7-cm-Tak war eingebaut.

Anläßlich einer Besprechung über das Entwicklungsprogramm der in 6 beim Leiter des WaPrüfw. am 20. 6.

Ein Panzerauftrag der Guten Hoffnungshütte wurde durch deren schwedische Tochtergesellschaft AB Landsverk ausgeführt. Das Bild zeigt das Räder-Raupenfahrzeug »Landsverk 30«, ein Entwurf von Vollmer.

1932 ergaben sich für die Traktorenentwicklung folgende Gesichtspunkte: Für den jetzigen Bau des »Kleintraktors« werden Änderungen nicht vorgenommen. Für welche Zwecke dieses Fahrgestell später in Frage kommen wird, ist erst in eingehenden Versuchen festzulegen. Bis dahin gelten die bisher gegebenen taktisch-technischen Bedingungen.
In welchem Umfange die Weiterentwicklung aller Traktoren durch konstruktive Maßnahmen oder in weiterer Zukunft sogar neue Versuchsbauten vorzusehen sind, soll bei einer Besprechung auf Grund der Sommererfahrungen in »Kama« und bei der Kraftfahrversuchsstelle des WaPrw. in Kummersdorf festgesetzt werden. Wenn auch die In 6 die Wünsche über die Rückführung des »Großtraktors« Krupp und weiterer Aggregate aus dem »Großtraktor« Daimler-Benz durchaus anerkennt, so läßt sich aus politischen Gründen leider diese Rückführung zur Zeit nicht verwirklichen.«
Ing. Vollmer erhielt 1930 einen Panzerauftrag von der Gute-Hoffnungs-Hütte in Sterkrade. Für die Tochtergesellschaft AB Landsverk in Landskrona (Schweden) sollte ein leichter Panzer mit Räder/Raupenantrieb und ein etwas schwererer Vollkettenpanzer entwickelt werden. Heigl schreibt darüber: »Einer der ersten Versuchswagen war die Type »Landsverk 5«, bei welchem die Räder auf Kurbelarmen gelagert, mittels einer motorisch betriebenen Spindelvorrichtung auf und ab bewegt werden.« Beim 1931, auf Grund des Vollmer-Entwurfes, folgenden Baumuster »Landsverk 30« (deutsche Bezeichnung RR 160) konnte der Übergang von Räder- auf Raupenfahrt bereits während der Fahrt erfolgen. Das von Vollmer beeinflußte Vollkettenfahrzeug lief unter der Typenbezeichnung »Landsverk 10«. Wie schon beim Typ »30« kam auch hier wieder eine 3,7-cm-Kanone im Drehturm zum Einbau. Das Gefechtsgewicht betrug 11 t, die Besatzung vier Mann. Beide Fahrzeuge waren mit einem 200 PS Maybach 12 Zylinder »V« Vergasermotor ausgerüstet. Die Erfahrung mit diesen Typen, die hauptsächlich als Handelsgut verwendet wurden, kam natürlich auch den Auftraggebern zugute, die in Deutschland saßen.
Rheinmetall war ab 1930 an der Entwicklung des sog. »Bataillon-Führerwagens« beteiligt, welcher im Wettbewerb mit der Firma Krupp entstand. Ein Versuchsstück wurde von der Rheinmetall gebaut, jedoch das Krupp-Gerät nach verschiedenen Änderungen bei teilweiser Anlehnung an die Rheinmetall-Borsig-Konstruktion ausgeführt. Es entstand ein Gleiskettenfahrzeug mit Wilson-Lenkgetriebe und vorne liegendem Antrieb. Die Bestückung bestand aus einem 7,5-cm-Geschütz und zwei MG. Das Fahrzeuggewicht betrug 18 t bei einer Motorleistung von 300 PS. An Höchstgeschwindigkeit wurde 35 km/h erreicht. Die Besatzung bestand aus 5 Mann. Die Stirnseite war mit 16 bis 20 mm gepanzert, während die Seiten 13-mm-Platten hatten. Dieses Fahrzeug bildete die Grundlage für den späteren »Panzerkampfwagen IV«.
Die versuchsweise für die Verwendung in Selbstfahrlafetten vorgesehene 7,5-cm-Kanone wog 440 kp und hatte eine Länge von 1950 mm (L/26). Für die »Kleintraktor«-Entwicklung lag im Herbst 1931 ein Entwurf der Firma Krupp vor. Durch Vermittlung der Russen wurde es möglich, den Vorschlag, englische Carden-Loyd-Fahrgestelle zu beschaffen, auszuführen. Zwei Stück wurden für »Kama« angekauft. Krupp stellte im Juli 1932 seinen Typ »LKA« dem Waffenamt vor. Dessen Tarnbezeichnung lautete »Landwirtschaftlicher Schlepper« (LaS). Dieses Fahrzeug bildete die Grundlage für den späteren »Panzerkampfwagen I«.
Am 3. 2. 1932 waren im Versuch folgende gepanzerte Kettenfahrzeuge vorhanden: Je zwei »Großtraktoren« der Firmen Rheinmetall, Krupp und Daimler-Benz. Daneben die »Leichttraktoren«-Modelle der Firmen Krupp und Rheinmetall.
Eine verbesserte Ausführung des »LKA«-Fahrzeuges, welches nunmehr als Typ »LKB« bezeichnet wurde, stand gegen Ende des Jahres 1932 in einer 0-Serie von fünf Fahrzeugen in Produktion. Sie wurden im September 1933 der In 6 vorgeführt.
Ein Vortrag über die Rüstungsverbesserungen beim Reichswehrminister vom 14. 11. 1933 ergab nach Vergabe der ersten drei Verträge über 150 Fahrzeuge »LaS« an die Firma Henschel in Kassel folgende Anweisung: »Die fertiggestellten Tanks sind, soweit sie nicht zur Aufstellung von Tankformationen benötigt

Rheinmetall baute ab 1930 Prototypen des sog. »Bataillon-Führer-Wagens«, eines Vorläufers des späteren »Panzerkampfwagens IV«.

29

Krupp stellte im Juli 1932 seinen ersten Prototyp des Fahrzeuges »LKA« dem Waffenamt vor. Das Fahrzeug war ein Vorläufer des späteren »Panzerkampfwagens I«.

werden, auf den Truppenübungsplätzen unterzubringen. Die Fertigung einer zweiten Serie von Tanks ist von WaPrüf rechtzeitig anzuregen.«

Im Hochsommer 1933 wurde »Kama« aufgelöst und alle dort befindlichen Panzerfahrzeuge nach Deutschland zurückgebracht. Sie wurden durch die Daimler-Benz AG in Berlin-Marienfelde überholt und anschließend der Panzerschießschule Putlos/Holstein zugewiesen.

Anläßlich eines früheren Besuches in »Kama« durch General Lutz waren Anregungen für den Bau der sog. »Neubaufahrzeuge« gegeben worden. Ihre Entwicklung begann im Auftrage des O.K.H. 1933 bei der Firma Rheinmetall. Im Wettbewerb mit Krupp entstanden zwei Fahrzeuge mit Rheinmetallturm in Flußeisen, während drei Fahrzeuge in Panzerblech mit dem Kruppturm ausgerüstet wurden. Es blieb bei der Produktion dieser 5 Fahrzeuge. Sie waren für den Tankangriff bestimmt. Es ergab sich ein Gleiskettenfahrzeug, welches teilweise mit Wilson-, teils mit Cletrac-Lenkgetriebe ausgerüstet war. Die Bestückung bestand aus einem Geschützturm und zwei MG-Türmen. Bei der Rheinmetallausführung waren ein 7,5-cm-Geschütz L/23,5, ein 3,7-cm-Geschütz L/45 und ein MG im Turm eingebaut. Die Geschütze waren in einer Blende übereinander gelagert. Das MG war neben der Geschützblende in einer Kugelblende angeordnet. Das Seitenrichtfeld betrug 360°, die Höheneinstellung war von −10° bis +22° möglich. Bei der Krupp-Ausführung waren die beiden Geschütze nebeneinander gelagert. Die Gesamtbewaffnung wog 370 kp.

Das Gesamtgewicht der Fahrzeuge betrug 23 t. Mit dem eingebauten Maybach »HL 108 TR« Motor von 280 PS wurde eine Höchstgeschwindigkeit von 30 km/h erreicht. Sechs Mann Besatzung waren nötig zur Bedienung dieser Fahrzeuge. Panzerung der Stirnseite betrug von 16 bis 20 mm, die der Seite 13 mm. Fahrzeuge 1 und 2 wurden in Putlos zur Ausbildung verwendet. Fahrzeuge 3 und 5 wurden während des Krie-

Von den »Neubaufahrzeugen« wurden von der Rheinmetall AG nur fünf Fahrzeuge gefertigt. Davon wurden zwei in Weichstahl mit dem von der Rheinmetall geschaffenen Drehturm bestückt. Bei diesem Turm lag die 3,7-cm-Kanone über der 7,5-cm-Hauptbewaffnung.

Die restlichen drei Fahrzeuge wurden in Panzerstahl ausgeführt und mit dem Krupp-Drehturm ausgerüstet. Nunmehr lagen beide Kanonen nebeneinander.

Die Antriebsräder lagen rückwärts, eine Anordnung, die bei den späteren Produktionsfahrzeugen der Deutschen Wehrmacht nicht mehr wiederholt wurde.

ges 1940 in Norwegen gelandet und auch eingesetzt. Die 1933 angeregte Fertigung einer zweiten Reihe von Tanks ergab 1935 die ersten Prototypen des »LaS 100«, dem späteren »Panzerkampfwagen II« der Maschinenfabrik Augsburg-Nürnberg. Bei der Rheinmetall begann 1934 im Auftrag des O.K.H. die Entwicklung einer »3,7-cm-Selbstfahrlafette L/45«. Dabei wurde

Diese drei Fahrzeuge wurden während des Krieges in Norwegen eingesetzt. Das Bild zeigt den vorderen und hinteren Nebenturm, der jeweils mit einem MG 13 bestückt war.

Ein zusätzliches MG 13 war neben der Hauptbewaffnung in einer Schartenblende untergebracht. Neben dem vorderen Drehturm der Fahrersitz.

der »Leichttraktor« mit einem neuen Turm versehen. Die Bestückung bestand aus einer 3,7-cm-Pak L/45 und einem leMG. Das Fahrzeuggewicht betrug 8,5 t, die Höchstgeschwindigkeit 35 km/h. Das eingebaute Triebwerk leistete 100 PS, 13 mm Panzerung schützte die drei Mann Besatzung. Das Fahrzeug wurde in der Truppe nicht eingeführt.

Im Jahre 1934 beschäftigte sich die Rheinmetall ebenfalls mit der Entwicklung eines Panzerturms für das Fahrzeug »ZW«, dem späteren »Panzerkampfwagen III«. In Zusammenarbeit mit der Daimler-Benz AG., welche das Fahrzeug entwickelte, wurde ein Versuchsstück zum Aufbau auf dem Zugführerwagen Daimler-Benz gebaut. Der Turm war mit einem 3,7-cm-Geschütz in Blende und zwei MG in besonderer Blende neben der Geschützblende bestückt. Im Bug des Fahrzeuges war ein weiteres MG vorgesehen. Bei einem Seitenricht-

Die Firma Rheinmetall beschäftigte sich ab 1934 mit der Entwicklung eines Panzerturmes für den »Zugführerwagen«, dem späteren »Panzerkampfwagen III«.

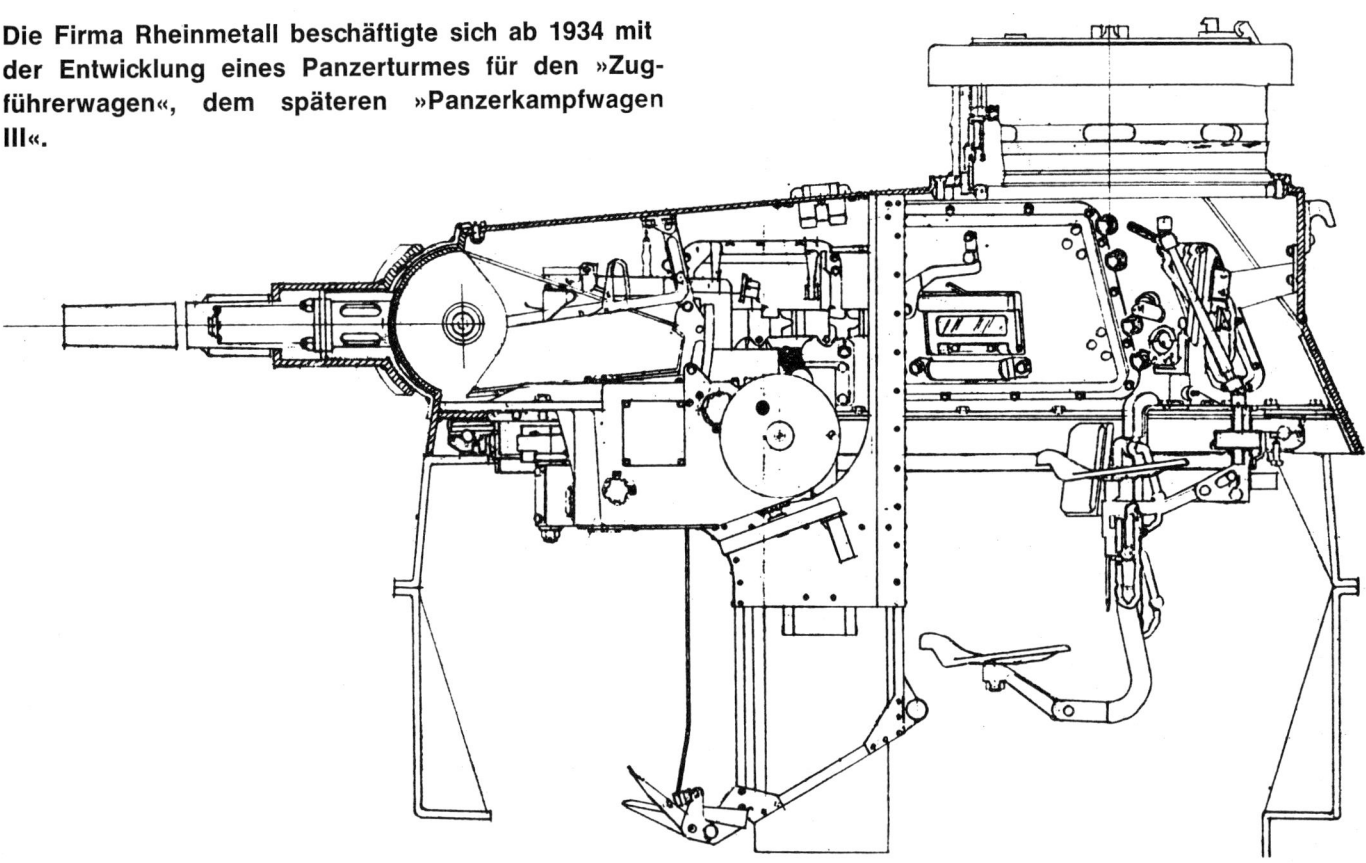

feld von 360° ergab sich eine Höheneinstellung von −10° bis +20°.
Für die Bedarfsdeckung mit dem Fahrzeug »LaS« wurden bis 31. 12. 1934 folgende Stückzahlen festgelegt: 150 Stück für 7,5 Mio. RM und 300 Gehäuse für 2,8 Mio. RM. Vom Dezember 1934 bis März 1935 wurde mit einem monatlichen Ausstoß von 40 bzw. 75 Stück gerechnet. Da bewaffnungsmäßig 1934 nur 5 Stück des E.MG. 33 (später MG 34) zur Verfügung standen, mußte, da MG's in größerer Anzahl zum Einbau in Tanks verlangt wurden, zunächst das MG Dreyse in Flußeisenblende verwendet werden. Die in den ersten Jahren zur Ausbildung an die Truppe ausgegebenen, turmlosen Fahrzeuge hatten die offizielle Bezeichnung »Krupp-Traktor«.

Es ist beachtlich, daß trotz der wenigen tastenden Entwicklungen, die offensichtlich in verschiedene Richtungen gingen (Großtraktor, Neubaufahrzeuge) bereits 1930 das Konzept für später klar definiert war. Wenn man die Übergangslösungen (Leichttraktor, LaS und LaS 100) in dieser Betrachtung ausschließt, so erkennt man in der Entwicklung der Fahrzeuge »BW« und »ZW« den richtungsweisenden Einfluß von Heinz Guderian. Durch geschickte Aufgabenteilung der Besatzung entstanden äußerst wirkungsvolle Kampfinstrumente für die zu erwartenden Panzerdivisionen. Deutschland hatte sich, frei von jeglicher traditionellen Bindung, auf eine revolutionäre Kampfführung festgelegt.

Panzerkampfwagen I und Abarten

Nachdem die Firmen MAN, Krupp, Henschel, Daimler-Benz und Rheinmetall-Borsig Entwurfsunterlagen für einen leichten Panzerkampfwagen der 5-t-Klasse vorgelegt hatten, bestimmte das Heereswaffenamt folgende Hersteller als endgültige Entwicklungsfirmen:

Friedrich Krupp AG, Essen, für das Fahrgestell
Daimler-Benz AG in Berlin-Marienfelde für den Aufbau.

Zur Produktion wurden hauptsächlich die Firmen Henschel & Sohn in Kassel sowie die Krupp-Gruson AG. in Magdeburg herangezogen, zu denen später noch die Firmen MAN, Nürnberg, und Wegmann AG, Kassel, traten.

Henschel hatte die ersten Vorserienfahrzeuge im Dezember 1933 fertiggestellt, deren erster Probelauf am 3. 2. 1934 erfolgte. Bei Krupp-Gruson waren die ersten drei Prototypen bereits Ende 1933 fertiggestellt worden. Die Produktionsbezeichnung dieser Fahrzeuge lautete »I A LaS Krupp«. Das in seiner endgültigen Form vorgestellte Fahrzeug war als Vollkettenfahrzeug ausgelegt und hatte bei zwei Mann Besatzung seine Bewaffnung von zwei MG 13 im Drehturm unterge-

»Panzerkampfwagen I« (MG) Ausf. A (Sd. Kfz. 101).

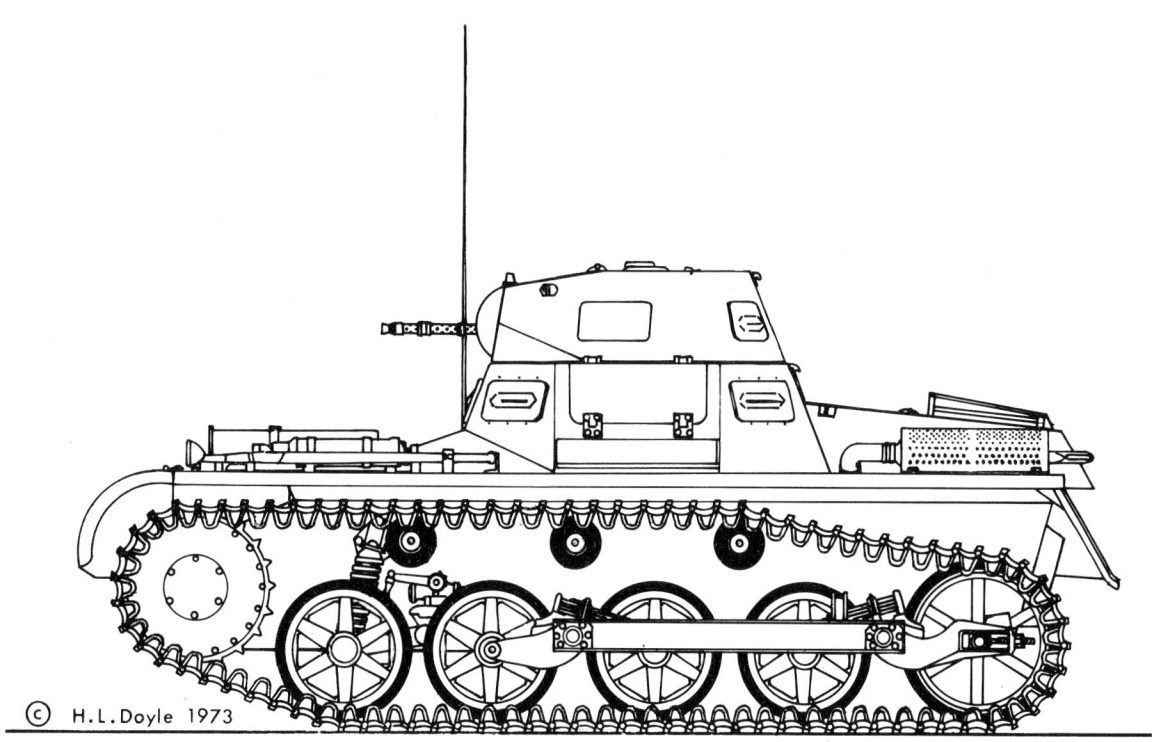

bracht. Der hufeisenförmige Drehturm hatte leicht geneigte Wände und bot Platz nur für den Schützen. Höhen- und Seitenrichtung wurden mittels Handrädern vorgenommen. Vier Sehklappen waren gleichmäßig über den Umfang des Turmes verteilt. Eine große Einstiegsklappe war im Turmdach angebracht. Dem Fahrer war das Fahrzeug durch eine an der linken Fahrzeugseite angebrachte Einstiegluke zugänglich. Er saß, in Fahrtrichtung gesehen, links. Sein Sichtfeld war beschränkt, da ihm nur zwei Sehklappen, nach vorne und seitlich links, zur Verfügung standen. Der Schütze im Drehturm war gleichzeitig Kommandant des Wagens.

Der luftgekühlte 60 PS Krupp »M 305« Vierzylindermotor hatte eine Bohrung von 92 mm, 130 mm Hub und eine Höchstdrehzahl von 2500 U/min. Er war zusammen mit dem Hauptvorgelege an der Zwischenwand befestigt und an einem federnden Halter am Heck aufgehängt.

Kühlung des Motors wurde dadurch erreicht, daß die Zylinderwandungen mit zahlreichen, dicht nebeneinanderliegenden Rippen versehen waren, an denen ein starker Luftstrom vorbeistrich. Durch eine besondere Führung des Luftstromes wurden die Ventile gekühlt. Die hierfür erforderliche Luft wurde von dem auf der Kurbelwelle angeordnetem Gebläse durch den Ölkühler, der zwischen den beiden Kraftstoffbehältern lag, von außen angesaugt. Durch Leitbleche wurde die Warmluft über die Kraftstoffbehälter zu den Luftaustritten zurückgeführt, die an beiden Seiten des Fahrzeughecks lagen.

Der Kraftstoff wurde in zwei Behältern von je 72 l Inhalt mitgeführt. Kraftstofförderung durch Pumpe.

Der Kraftfluß ging über ein Vorgelege, eine Zwischen-

Der luftgekühlte »M 305«-Vergasermotor der Firma Krupp, der im »Panzerkampfwagen I«, Ausf. A, eingebaut war.

Motor, Ansicht von rechts
1 Ölmeßstab
2 Schlammablaßschraube
3 Spaltfilter
4 Ölbadluftfilter
5 Kraftstoffpumpe
6 Zündverteiler
7 Zündspule
8 Saugrohr
9 Lichtanlaßmaschine
10 Kupplungswelle
11 Kurbelgehäuse
12 Ölleitung zum Zündverteiler-Antriebsgehäuse
13 Ölwanne
14 Rechter Auspuffkrümmer
15 Ölleitung für Kipphebel
16 Schutzdeckel
17 Zylinderkopf
18 Ventilhebelgehäuse

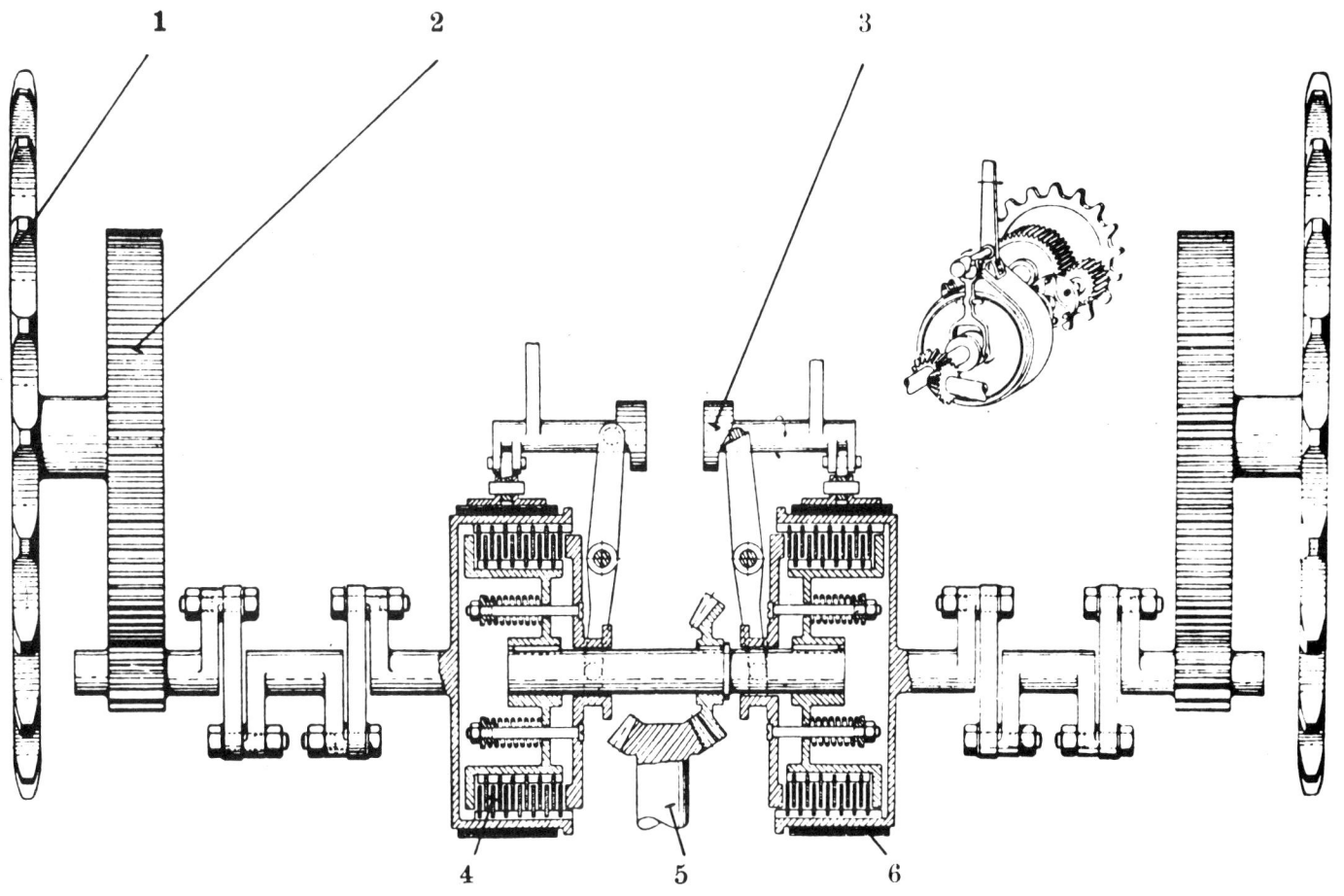

Das Kupplungslenkgetriebe des »Panzerkampfwagens I« in vereinfachter Darstellung:
1 Triebräder, 2 Seitenvorgelege, 3 Kupplungsnocken, 4 Kupplung, 5 Kegelantrieb, 6 Bremsband.

welle sowie über eine trockene Zweischeiben-Hauptkupplung auf das ZF Aphon »FG 35« 5-Gang Schaltgetriebe. Von dort wurde über einen Kegeltrieb das »Kupplungs-Lenkgetriebe« beeinflußt.

Dieses Lenkgetriebe übertrug das Drehmoment nach beiden Seiten auf die Ketten. Es war am Schaltgetriebe angeflanscht und bestand aus einem Kegeltrieb und zwei Lenkkupplungen, die zu beiden Seiten des Kegelrades für den Querantrieb saßen. Jede Kupplung hatte auf der Abtriebseite eine Bandbremse. Die Lenkkupplungen trennten beim Anziehen der Lenkhebel durch Entkuppeln die Verbindung des Motors zur jeweiligen Kette. Wurde die auf der Lenkkupplung sitzende Bandbremse durch weiteres Ziehen der Lenkhebel betätigt, so wurde die Kette festgehalten und dadurch das Fahrzeug gelenkt.

Die beiden Seitenvorgelege waren von innen an den Wannenwänden angeflanscht. In jedem Vorgelege befand sich ein Ritzel und ein Zahnrad, sie dienten zum Untersetzen der Drehzahlen zwischen dem Querantrieb und dem Triebrad.

Das Laufwerk jeder Fahrzeugseite bestand aus einem Triebrad, den Laufrollen (Größe 530 x 80), dem Leitrad und drei Stützrollen (Größe 190 x 85). Um jedes Laufwerk war eine Gleiskette gespannt. Das Triebrad besaß einen auswechselbaren Zahnkranz.

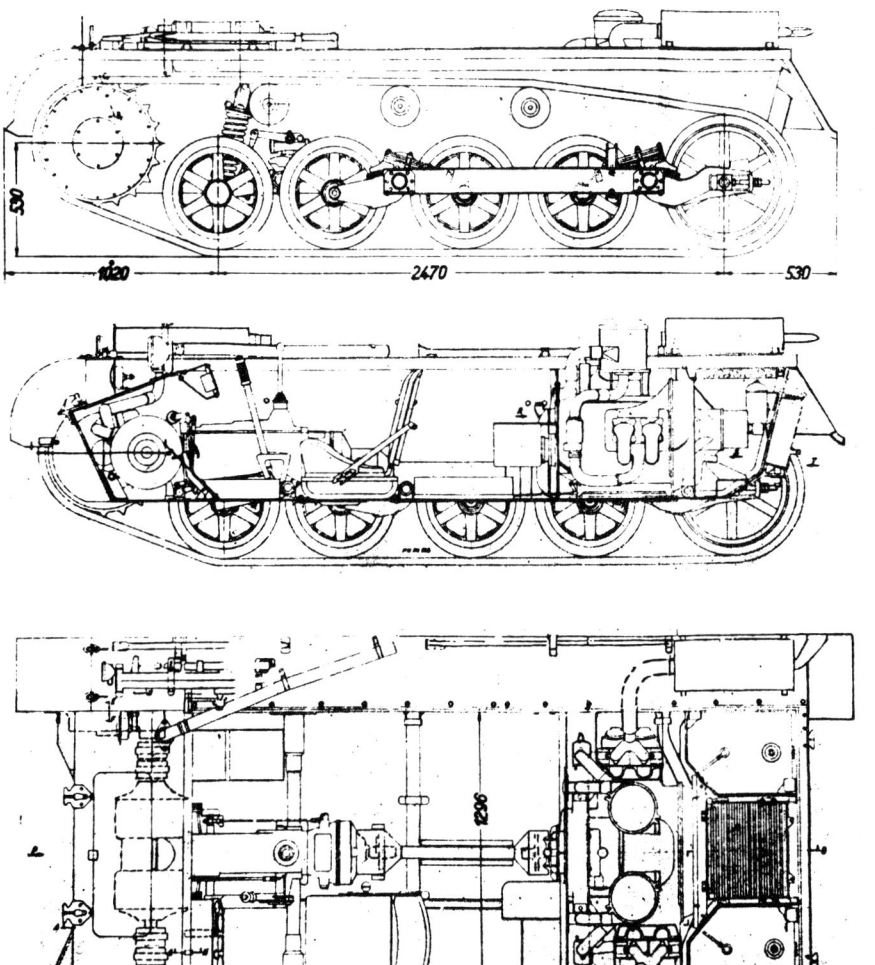
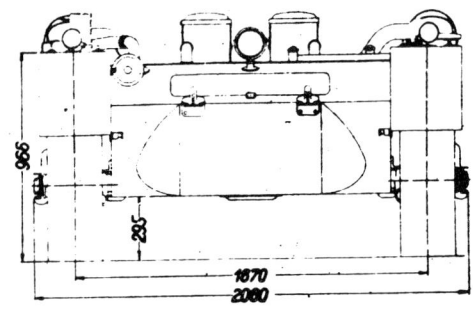

Die Hauptmaße des »A«-Fahrgestelles des »Panzers I«.

Die vordere Laufrolle war an einem auf der vorderen Rohrachse befestigten Kurbelarm aufgehängt. Sie war durch eine gegen Ausknicken gesicherte Schraubenfeder, die sich unten gegen den Kurbelarm, oben gegen ein an der Wanne befestigtes Kugelpfannenlager stützte, abgefedert. Das Dämpfen der Federschwingungen geschah durch Boge-Stoßdämpfer. Der Hub des Kurbelarmes wurde nach oben durch Gummipuffer in der Federführung, nach unten durch die an den Kurbelarm und das Kurbelarmlager angegossenen Anschläge begrenzt.

Die zweite und dritte Laufrolle war in einem Laufwerkshebel federnd aufgehängt, der in seinem Mittelpunkt auf der zweiten Rohrachse drehbar gelagert war. Ähnlich war die vierte Laufrolle mit dem Leitrad in einem Laufwerkshebel aufgehängt, der in gleicher Weise auf der dritten Rohrachse drehbar gelagert war. Die zweite und dritte Rohrachse waren an ihren Enden durch eine U-Schiene miteinander verbunden.
Die Laufwerkshebel der zweiten und dritten Laufrolle bestanden aus einem Stahlgußhebel, den Federpaketen und je zwei in den Hebeln liegenden Schrauben-

Für die erste Ausführung des »Panzerkampfwagens I« wurde ein Carden-Loyd-Laufwerk verwendet, welches als typisches Erkennungsmerkmal ein tiefliegendes Laufwerk hatte.

Die Gesamtauslegung des »Panzer I«-Fahrgestelles in schematischer Darstellung:
a Triebwerk, b Ölkühler, c Hauptuntersetzungsgetriebe, d Antriebswelle, e Hauptkupplung, f Getriebe, g Schalthebel, h Teller- und Kegelrad, i Lenkkupplungen, k Kupplungsbremse, l Lenkhebel, m Vorgelege, n Antriebsräder, o Ketten.

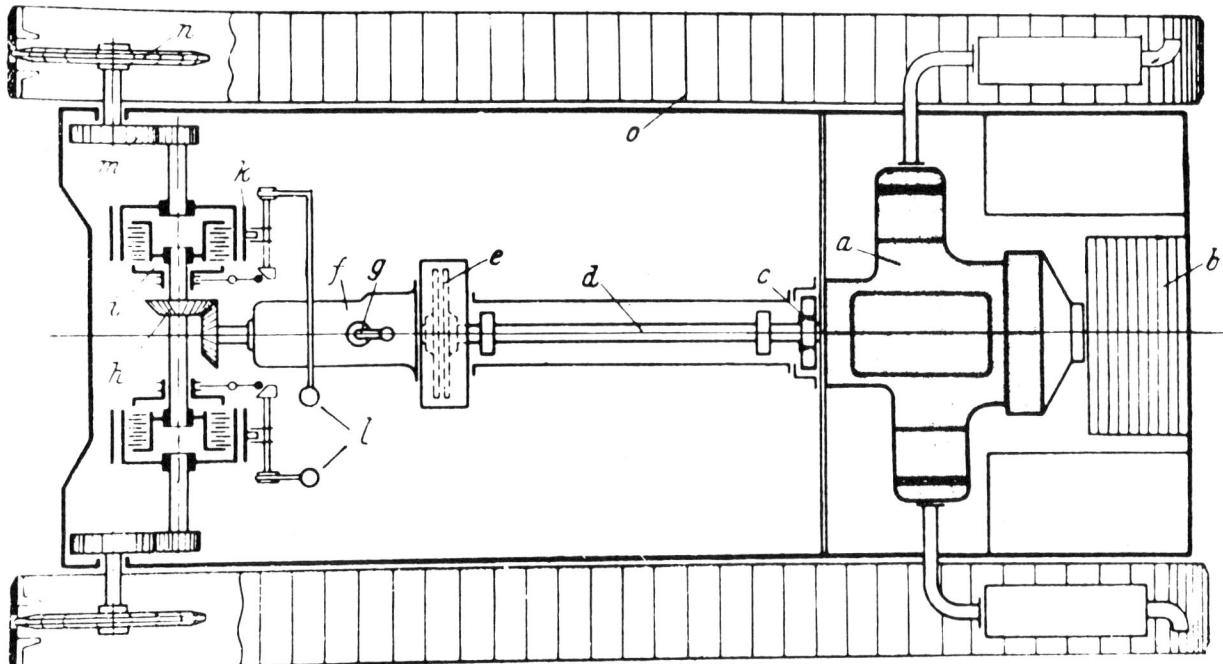

Die Gesamtansicht des »Panzerkampfwagens I« (MG), Ausführung A (Sd. Kfz. 101).

federpaaren. Der Hebel für die vierte Laufrolle und das Leitrad war dem für die zweite und dritte Laufrolle ähnlich.

Die Laufrollen bestanden aus einem Leichtmetallradkörper mit eingegossenen Buchsen und aufvulkanisierten Gummireifen. Die Gleisketten bestanden aus einzelnen, ungeschmierten Kettengliedern mit 280 mm Breite, die durch Bolzen miteinander verbunden waren. Gespannt wurden die Ketten durch Verstellen des Leitrades. Auffallend war an diesem Fahrzeug das tiefliegende Leitrad.

Das 5,4 t schwere Fahrzeug hatte eine Höchstgeschwindigkeit von 40 km/h. 13 mm Rundumpanzerung machte es S.m.K.-sicher. Während des Krieges wurden wiederholt 15 mm starke Panzerplatten zusätzlich angebracht.

Versuchsweise kam bei einigen dieser Fahrzeuge die luftgekühlte Diesel-Ausführung des Krupp-Boxermotors, der Typ »M 601«, zum Einbau. Bei fast gleichen Abmessungen leistete dieses Triebwerk bei n = 2200 ca. 45 PS. Diese Leistung erwies sich als unzureichend. Obwohl noch einige Fahrzeuge der Ausführung B damit ausgerüstet wurden, wurden die Versuche bald eingestellt. Die Fahrzeuge waren durch die seitlich außen am Motorraum angebrachten Schalldämpfer gut erkenntlich. Es ist bemerkenswert, hier festzustellen,

Diese Fahrzeuge wurden ab 1933 in größerer Anzahl auch bei politischen Veranstaltungen gezeigt. Hier eine Aufstellung anläßlich des Erntedankfestes in Bückeburg. ▶

Bei einigen »Panzer I«-Fahrzeugen wurde versuchsmäßig der luftgekühlte Krupp »M 601«-Dieselmotor eingebaut. Typisches Merkmal dieser Ausführung sind die vergrößerten Auspufftöpfe sowie eine rückwärts verkürzte Panzerwanne.

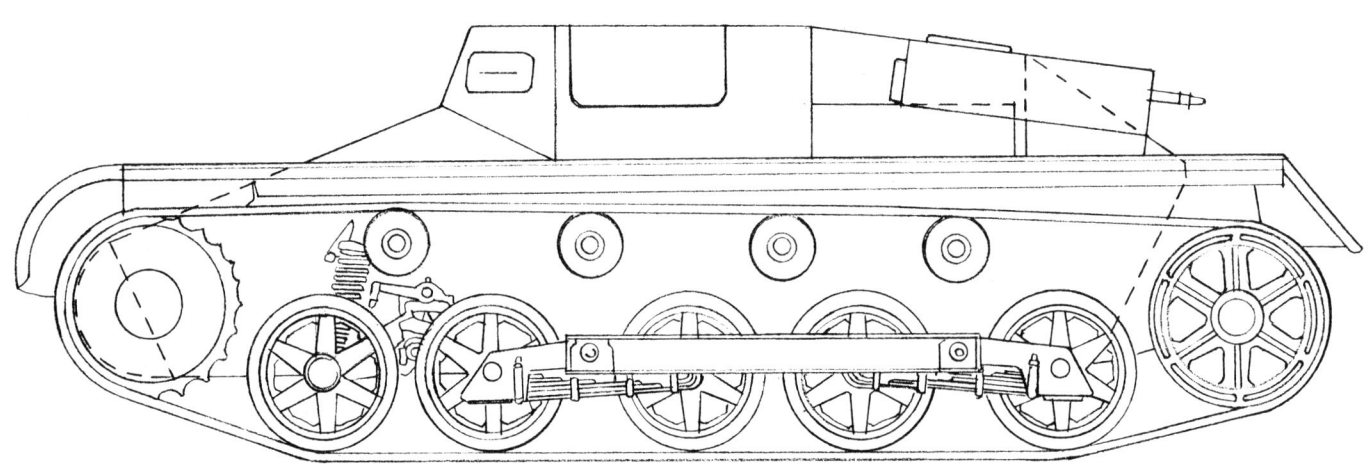

Die Aufstellung neuer Panzerverbände erfolgte nach der Machtübernahme Hitlers mit Hochdruck. Der »Panzerkampfwagen I« bildete dabei den Nukleus für die zukünftigen Panzerdivisionen.

daß damit praktisch bis 1940 (Tatra Dieselmotor »103«) kein weiterer Versuch mehr gemacht wurde, einen luftgekühlten Dieselmotor für Panzerfahrzeuge zu schaffen.

Die Serienfertigung der »I A LaS Krupp«-Fahrzeuge lief im Frühjahr 1934 bei der Krupp-Gruson AG. an, während die Henschelwerke im Juli 1934 in Produktion gingen. Krupp stellte bis 1937 rund 750 dieser Fahrzeuge her (Ausf. A und B), Henschel fertigte 349 »Panzer I«-Fahrzeuge, die Maschinenfabrik Augsburg-Nürnberg stieß 128 »I A LaS Krupp«-Einheiten aus. Somit folgten den ersten Aufträgen über 150 Fahrzeuge Anschlußverträge über fast 1000 dieser Fahrzeuge.

Die fertiggestellten Fahrzeuge wurden unter der Gerätebezeichnung »Panzerkampfwagen I« (MG.) (Sd. Kfz. 101) Ausf. A an die Truppe ausgeliefert und bildeten dort den Nukleus des Fahrzeugbestandes der neuen Panzerverbände.

Insgesamt wurden 477 Fahrzeuge der Ausführung A geliefert. (Fahrgestell-Nr. 10 001–10 477). Die in den Truppenversuch gelangten Fahrzeuge bewiesen sehr bald, daß das verwendete Triebwerk nur bedingt den gestellten Anforderungen genügte.

Eine Weiterentwicklung war unumgänglich. 1935 erschien die wiederum von Krupp beaufsichtigte verbesserte Ausführung des Panzerkampfwagens I, die nun unter der Typenbezeichnung »I B LaS May« lief. (Fahrgestell-Nr. 10 478–15 000 und 15 201–16 500). Daimler-Benz war für die Aufbauänderungen verantwortlich. Die hauptsächlichen Änderungen erstreckten sich auf Laufwerk und Motorraum. Nunmehr kam der

Während des Krieges wurden vereinzelt durch Umbauten der Truppe »Panzer I« in Flammenwerfer-Fahrzeuge umgebaut. Das Bild zeigt ein solches Fahrzeug beim Einsatz in Nordafrika.

Es wurden auch Dreiachs-Lastkraftwagen der Firmen Büssing-NAG und Faun für den Transport der leichten Panzer herangezogen. Bilder zeigen solche Fahrzeuge der Faun-Type »L 900 D 567«.

Zum Transport der »Panzer I« auf längere Entfernungen wurde eine Anzahl schwerer Lastkraftwagen von der Wehrmacht beschafft. Bild zeigt einen Büssing-NAG Typ »654«, der mit Vierradantrieb, Seilwinde und abnehmbaren Rampen versehen ist.

Die Draufsicht einer »A«-Ausführung des »Panzers I« zeigt die Luftzufuhr zum Motorraum und die Anordnung der Auspuffanlage.

Gegenüberstellung Ausf. A und B. ▶

Im Gegensatz dazu zeigt die »B«-Ausführung des »Panzers I« den verlängerten Motorraum, der nunmehr den Maybach-Sechszylindermotor »NL 38« aufnahm. Die unterschiedliche Anordnung der Auspuffanlage ist klar erkennbar.

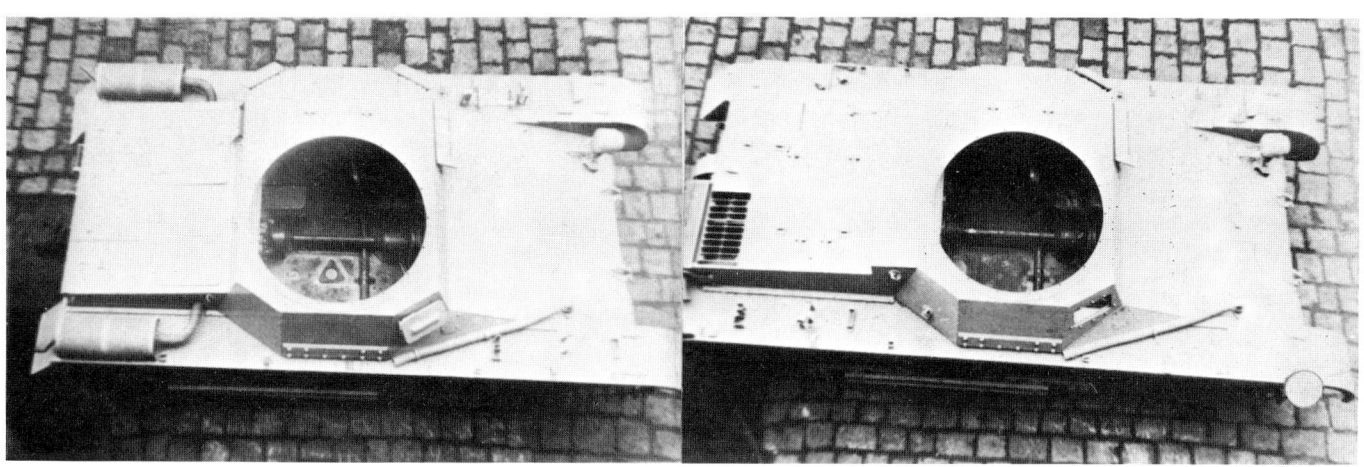

47

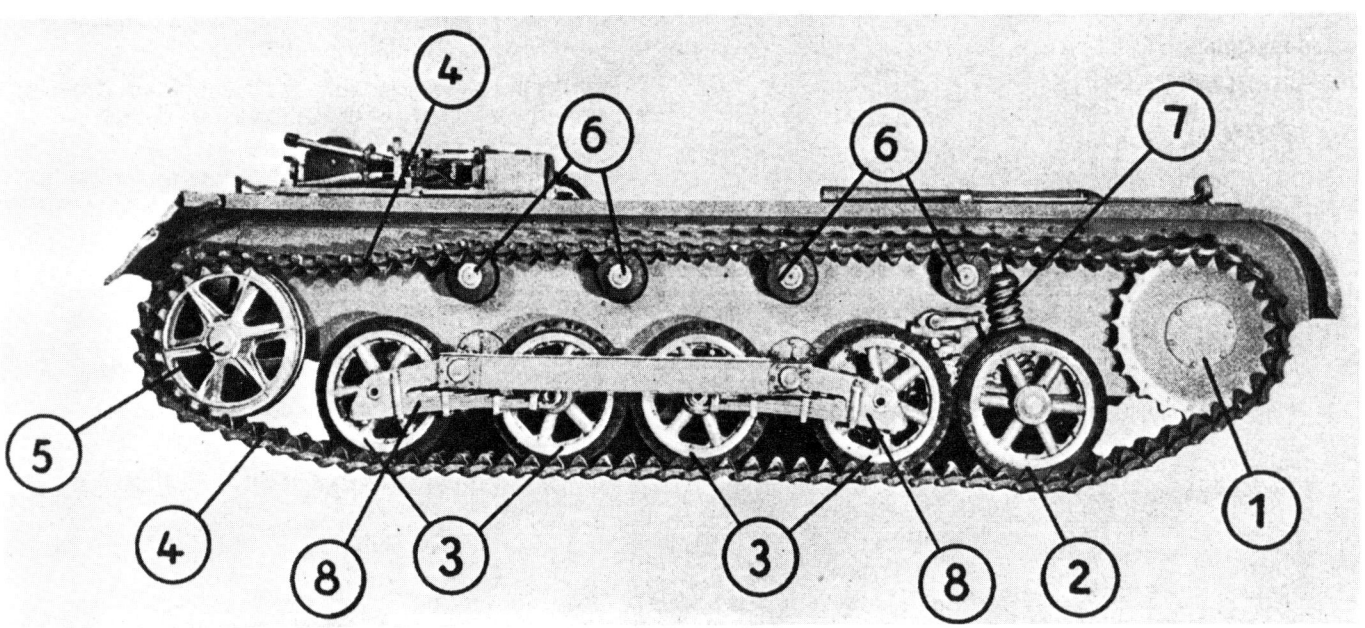

Die weiteren Teile des Fahrgestells des »Panzerkampfwagens I« Ausf. B:

1 Triebrad
2 Vorderes Stoßfangrad
3 Laufräder
4 Kette
5 Leitrad
6 Stützrollen
7 Stoßfangfederung
8 Laufwagenfeder

wassergekühlte Maybach »NL 38« Motor mit 90 mm Bohrung, 100 mm Hub, 3,8 l Zylinderinhalt zum Einbau, der bei n = 3000 100 PS leistete. Der Kraftstoff wurde in zwei Behältern, von denen der vordere 84 l und der hintere 62 l faßte, mitgeführt, Kraftstofförderung durch Pumpe. Die Größe dieses Triebwerkes verlangte eine Verlängerung des Motorraumes und dadurch der Wanne. Dies ließ sich wiederum nur ermöglichen, indem man ein zusätzliches Laufradpaar dem Laufwerk zufügte. Das Laufwerk bestand nunmehr an jeder Laufwerkseite aus dem Triebrad, den fünf Laufrollen, dem Leitrad und den vier Stützrollen. In seiner Auslegung stimmte es mit dem der Ausführung A überein. Die Leiträder waren jedoch hochgezogen und in angeschweißten Kästen am Heck auf Kurbelarmen gelagert. Durch Schwenken der Kurbelarme wurden die Ketten gespannt. Um das Lenkverhältnis und dadurch die Beweglichkeit des Fahrzeuges nicht zu beeinträchtigen, wurde dadurch die Kettenauflagelänge nicht vergrößert. Das Gefechtsgewicht des Fahrzeuges erhöhte sich auf rund 6 t. Die Gesamt-

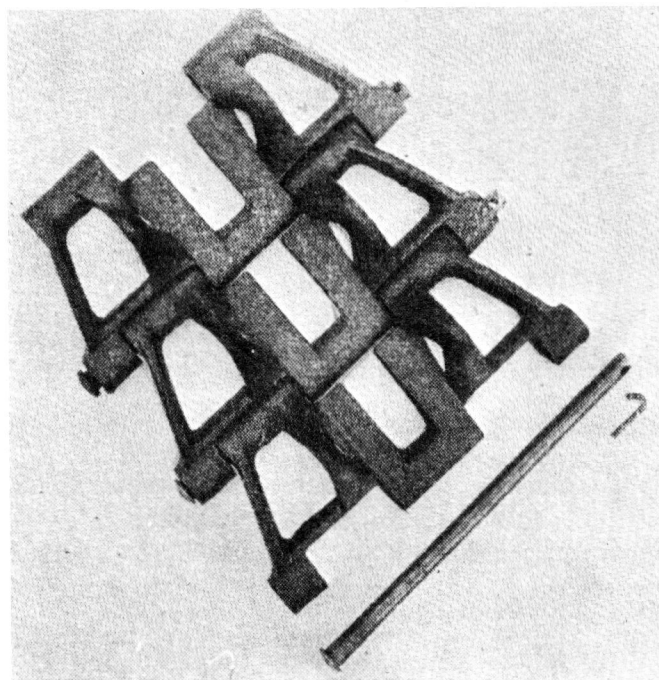

Die Kette des »Panzerkampfwagens I«. Dargestellt sind drei Glieder, die durch ungeschmierte Steckbolzen verbunden werden.

Fahrgestell des »Panzers I« in Fahrtrichtung gesehen:

1. Gelenkwellenverkleidung
2. Kupplungsgehäuse
3. Getriebegehäuse
4. Schalthebel
5. Lenkbremsgehäuse
6. Lüftermotor
7. Lüfterleitung (Abluft)
8. Seitenvorgelege
9. Lenkhebel
10. Instrumententafel
11. Kupplungsfußhebel
12. Bremsfußhebel
13. Gasfußhebel
14. Fahrersitz (verstellbar)
15. Starterbatterie
16. Verkleidung der Rohrachse

Fahrgestell des »Panzers I« mit Blick auf das Heck in Fahrtrichtung

1. Antriebsmotor
2. Kühler
3. Kühlerventilator
4. Auspuffrohr
5. Steuerwellenmagnetzünder
6. Ansaugluftfilter
7. Vergaser
8. Gelenkwellenverkleidung
9. Rohrachse
10. Einfüllöffnung der Kraftstoffbehälter
11. Kraftstoffbehälter
12. Fahrersitz

Panzerkampfwagen I (MG) Ausf. B (Sd. Kfz. 101).

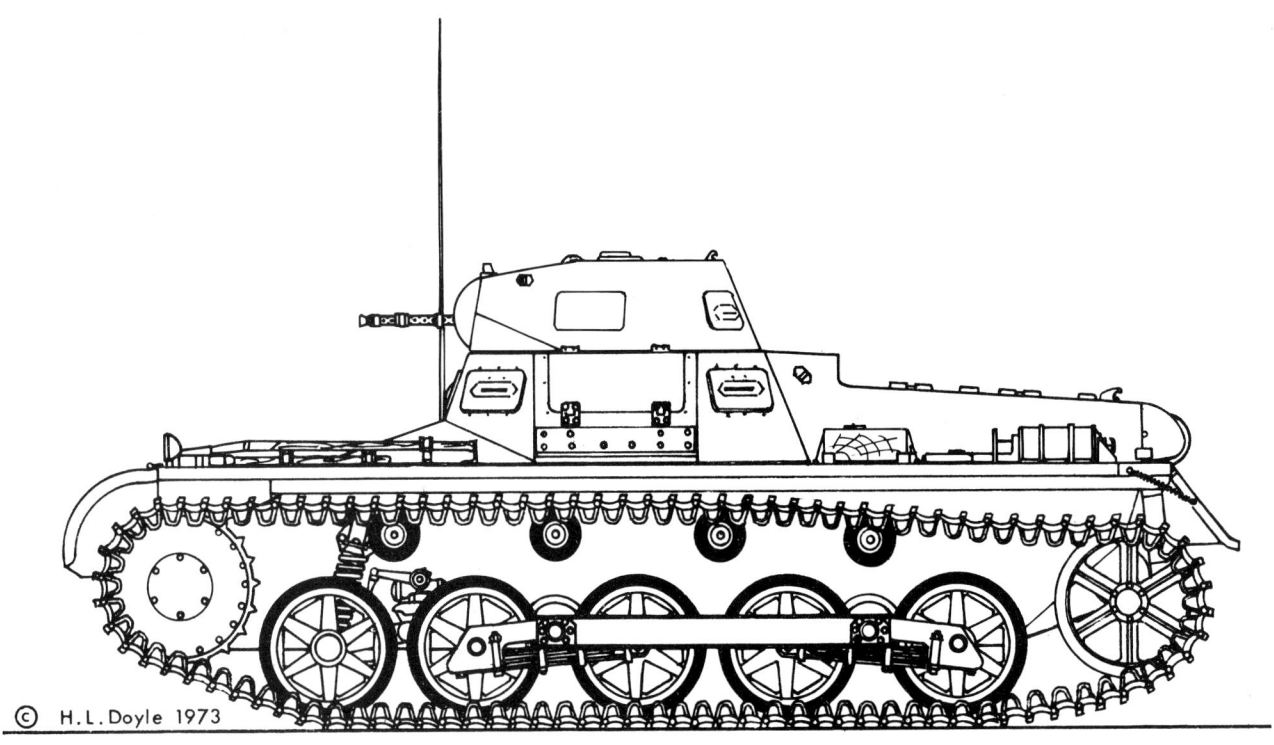

Das verbesserte Fahrgestell der »B«-Ausführung hatte ein hochgezogenes Leitrad.

Die Kettenspannvorrichtung der Leiträder war leicht zugänglich. Das Fahrgestell des »Panzerkampfwagens I« Ausf. B schräg von hinten.

länge war von 4,02 auf 4,42 m angestiegen. Sonst blieb das Fahrzeug in seinem technischen und taktischen Aufzug unverändert. Lediglich ein verbessertes ZF Aphon »FG 31« Getriebe kam zur Verwendung.

Die gegen Ende 1935 zur Truppe gelangenden Fahrzeuge erhielten die offizielle Bezeichnung »Panzerkampfwagen I« (MG.) (Sd. Kfz. 101) Ausf. B. Der Fahrzeugpreis (ohne Waffen) belief sich auf RM 50 000.

Henschel und Sohn produzierte die Mehrzahl dieser Fahrzeuge zwischen 1935 bis 1937, die Firmen MAN (75 Stück zwischen 1936 bis 1937) und Wegmann (1936 bis 1939) waren ebenfalls am Zusammenbau beteiligt.

Hauptzulieferer der Aufbauteile war vor allem die Deutsche Edelstahlwerke AG. in Hannover-Linden, die u. a. für das Panzer I Bauprogramm die folgenden Einzelteile lieferte:

	Wannen	Panzerkasten-Oberteile	Türme
1933	31	—	—
1934	337	54	54
1935	811	851	851
1936	574	565	557
1937	114	255	31
1938	—	22	—

Genaue Produktionszahlen liegen nicht vor, es wurden jedoch ca. 1900 »Panzer I«-Fahrzeuge gefertigt. Ihren ersten Einsatz erlebten die »Panzer I«-Modelle während des Bürgerkrieges in Spanien. Einige der dort verbliebenen Panzer I wurden später durch die Spanische Armee mit größeren Türmen versehen, die eine 20-mm-Kanone aufnahmen.

Am 1. 9. 1939 standen 1445 Panzer I zur Verfügung, und 1940 zu Beginn des Frankreichfeldzuges waren noch immer 523 dieser Fahrzeuge bei den Fahrzeugparks der zum Angriff bestimmten Panzerdivisio-

Die Gesamtansicht des »Panzerkampfwagens I« (MG) Ausf. B (Sd. Kfz. 101).

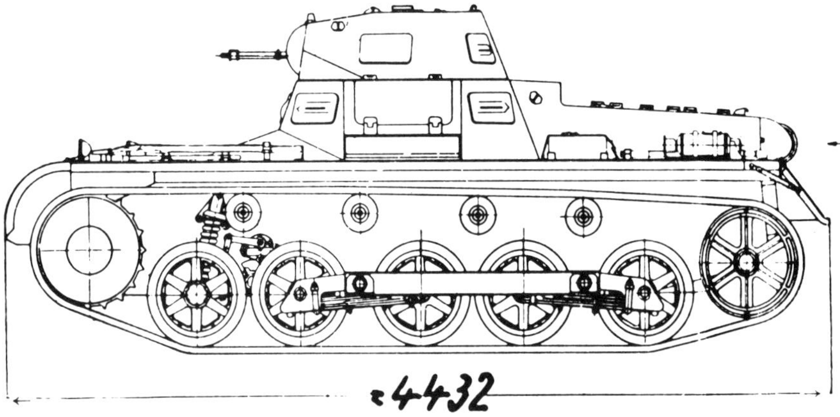

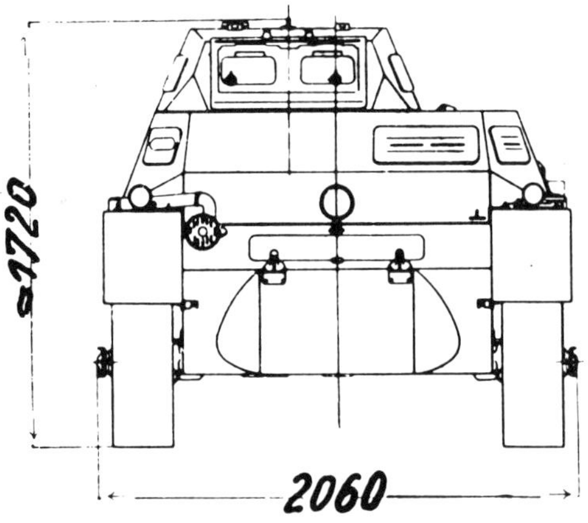

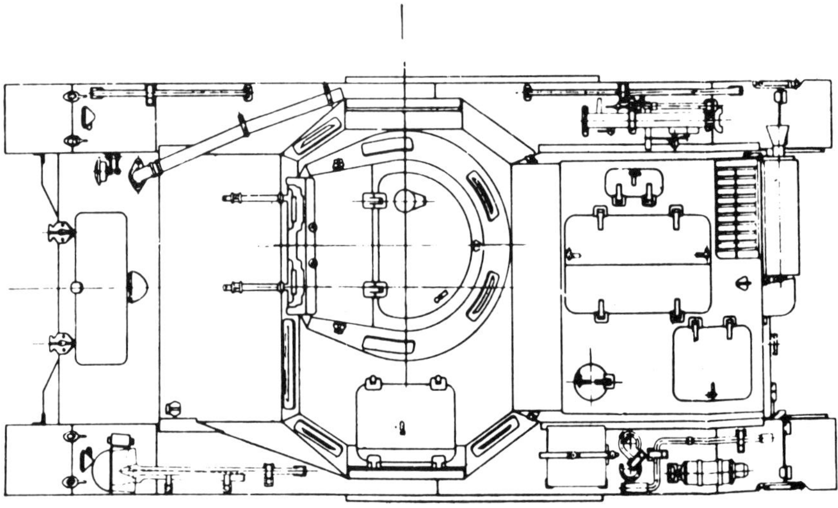

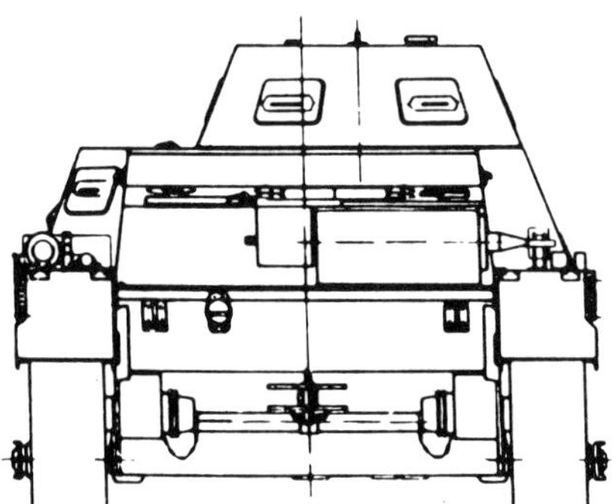

Ansicht in Richtung M

»Panzerkampfwagen I« beim Einsatz in Polen 1939. Die weißen Erkennungskreuze wurden nur während dieses Feldzuges verwendet.

Auch bei der Besetzung Dänemarks nahmen »Panzer I« teil. Weitere Einsätze stellten jedoch die Feldbrauchbarkeit dieser Fahrzeuge in Frage.

Die nicht in Großserie gebaute »C«-Ausführung des »Panzers I« hatte eine verstärkte Bewaffnung und war für höhere Geschwindigkeiten ausgelegt.

Dieses »VK 601« hatte ein Schachtellaufwerk, welches an querliegenden Drehstäben aufgehängt war. Interessant ist die am rechten vorderen Kotflügel angebrachte Nebelwurfanlage.

Beim VK. 601, sowie auch beim Panzer II, Ausf. D und E wurden versuchsweise nach Änderung der Zahnkränze der Antriebsräder, nadelgelagerte, geschmierte Zugmaschinen-Gleisketten verwendet.

Blick auf das Maybach Vorwählgetriebe vom Typ »VG 15319«. Es war bei diesem Fahrzeug kein Platz für den Funker im Fahrzeugbug vorgesehen.

Das Funkgerät (hier ein Fu Spr a) war im Kampfraum untergebracht.

Der Fahrersitz des »VK 601« mit seitlicher Sichtklappe. Das Fahrzeug hatte ein Lenkrad anstelle der üblichen Lenkhebel.

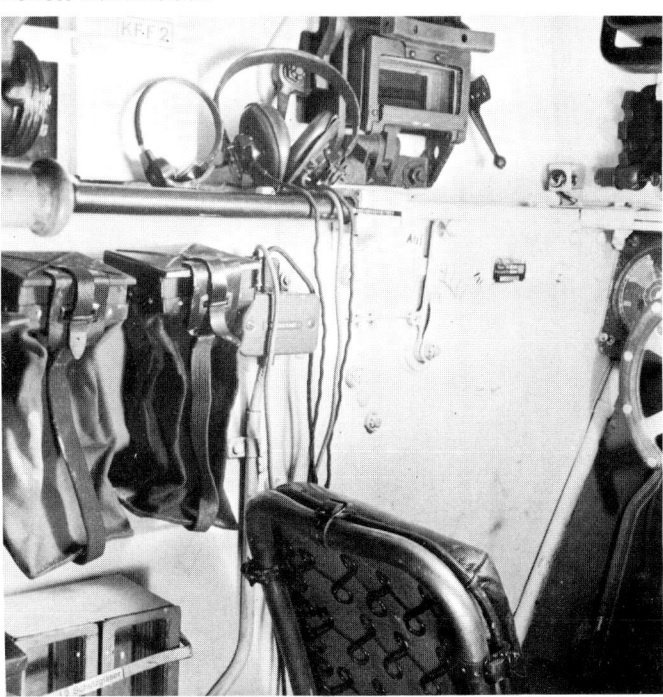

nen. Laut Aufstellung vom 1. 7. 1941 waren insgesamt 843 Panzer I beim Heer vorhanden.

Die in Nordafrika zum Einsatz gelangten Panzer I beider Ausführungen hatten eine geänderte Belüftung und zusätzliche Luftfilter erhalten. Die so umgerüsteten Fahrzeuge erhielten den Zusatz »Tp« zu ihrer Bezeichnung.

Heinz Guderian schrieb in seinem Buch »Erinnerungen eines Soldaten«: »... Es (das »Panzer I«-Fahrzeug) konnte mit dieser Einschränkung bis zum Jahre 1934 frontreif gemacht werden und wenigstens als Exerzierpanzer dienen, bis die Kampfpanzer fertig würden. Unter der Bezeichnung »Panzer I« wurde also die Einführung dieses Gerätes befohlen. Niemand dachte 1932 daran, daß wir eines Tages mit diesen kleinen Übungspanzern an den Feind gehen müßten...« Die Einsätze in Polen, Frankreich und Nordafrika bewiesen auch sehr rasch, daß weder die Feuerkraft noch die Panzerung diese Fahrzeuge zum Kampf gegen feindliche Panzerfahrzeuge befähigte. Da nunmehr der Nachschub an größeren Fahrzeugen mehr oder minder sichergestellt war, wurden die Panzer I erst zögernd, später aber immer schneller ausgemustert und waren bis Ende 1941 als Kampfpanzer fast restlos verschwunden.

Am 15. 9. 1939 erteilte das AHA/Ag L/In 6 an das Waf-

Als typischer Vertreter des Infanterie-Unterstützungsfahrzeuges ist dieses »VK 1801« zu betrachten. Diese schwer gepanzerte Ausführung F des »Panzers I« wurde wie das »VK 601« von der Firma Krauss-Maffei hergestellt.

Eigenartig war die Anordnung der großen, kreisrunden Einstiegöffnungen an beiden Seiten der Wanne. Das durch die starke Panzerung angestiegene Gesamtgewicht verlangte breitere Ketten.

fenamt einen Auftrag über einen leichten Panzerkampfwagen für Aufklärungszwecke, welcher gleichzeitig auch für Luftlandetruppen verwendbar sein sollte. Entwicklungsfirma für dieses Projekt war die Krauss-Maffei in München für das Fahrgestell, während Daimler-Benz in Berlin-Marienfelde Aufbau und Turm übernehmen sollte. Bei einem Gesamtgewicht von ca. 8 t war eine Panzerung von 10 bis 30 mm vorgesehen. Ein Maybach »HL 45 p« Vergasermotor mit 150 PS Leistung war einzubauen, der dem Fahrzeug eine Höchstgeschwindigkeit von 65 km/h gab. Der Be-

satzung von 2 Mann stand ein EW 141 und ein MG 34 im Drehturm zur Verfügung.

Dieser »Panzerkampfwagen n. A. VK. 601«, von dem eine Versuchsserie von 46 Stück in Auftrag gegeben war, wurde ebenfalls als »Panzerkampfwagen I (Ausf. C) (VK. 601)« bezeichnet.

Die Weiterentwicklung des Panzerkampfwagens I, mit Schwerpunkt stärkste Panzerung, führte mit Auftrag vom 22. 12. 1939 zum Bau einer 0-Serie von 30 Stück des »Panzerkampfwagens VK. 1801«. Dieser Auftrag war wiederum an die Firmen Krauss-Maffei und Daim-

Offene Fahrgestelle wurden für Fahrschulzwecke verwendet. Dabei kamen Fahrgestelle beider Ausführungen zum Einsatz.

ler-Benz ergangen. Eine Stirnpanzerung von 80 mm war vorgeschrieben, welche das Gesamtgewicht auf 18 bis 19 t anhob. Wie schon beim VK. 601 war wiederum der Maybach »HL 45 p« Motor zum Einbau vorgesehen. Während beim »VK 601« das Maybach »VG 15319« Vorwählgetriebe zum Einbau kam, wurde für das »VK 1801« das Vierganggetriebe »SSG 47« verwendet. Zwei MG 34 waren im Drehturm untergebracht. Die Besatzung betrug 2 Mann. Das erste Fahrgestell lief am 17. 6. 1940, der Turm war fertig. Die 0-

Während des Krieges wurde die Panzerfahrschulung vom NSKK übernommen (Nationalsozialistisches Kraftfahrkorps). Hier werden die Bedienungsaggregate des »Panzers I« erklärt.

»Panzer I«-Fahrgestelle des NSKK bei der Fahrschule im Gelände.

Serie lief Ende 1940 an und war bis 1942 ausgeliefert. Ein Anschlußauftrag über 100 dieser Fahrzeuge wurde zurückgezogen. Die Firma Krauss-Maffei erhielt noch im März 1940 einen Versuchsauftrag über einen Einbau von Funkgeräten (Fu 2 und Bordsprechmöglichkeit) im VK. 1801, dieser Versuch wurde abgeschlossen. Diese Entwicklung lief unter der Bezeichnung »Panzerkampfwagen I n. A. verstärkt« oder lt. D 650/33 als »Panzerkampfwagen I (Ausf. F) (VK 1801)« Fahrgestellnummern ab 150 301.

Offene Wannen der »Panzer I«-Modelle wurden für Fahrschulzwecke verwendet, auch noch als während des Krieges das NSKK die Fahrerschulung übernahm.

Eine Abart der »A«-Ausführung des Panzer I war der »Panzerkampfwagen I (A) Munitionsschlepper«. Dieses von Krupp und Daimler-Benz entwickelte Fahrzeug lief als Versorgungsfahrzeug bei den schnellen Truppen. Bei einem Gesamtgewicht von 5 t hatte es zwei Mann Besatzung, die Stirnpanzerung betrug 15 mm, die der Seiten 13 mm. Diese Sd. Kfz. 111 waren nur 1400 mm hoch und versorgten Panzerspitzen mit Munition und wenn nötig Treibstoff. 1940 waren davon 51 Stück vorhanden. Sie waren unbewaffnet.

Umbauten der früheren Kampfpanzer rüsteten nach Entfernen der Drehtürme vor allem die Kfz.-Instandsetzungs-Gruppen »a« mit gepanzerten Fahrzeugen aus. Beide Ausführungen wurden dafür verwendet. Sie wurden als »Instandsetzungskraftwagen I« bezeichnet. Ebenfalls wurden die Panzer-Pionier-Kompanien gemäß K.St.N. 716 vom 6. 3. 1940 mit je zwei Zügen »Pionier-Kampfwagen I« ausgerüstet. Diese Fahrzeuge hatten keine Türme, jedoch Spezialaufbauten zur Unterbringung von Pioniergerät.

Die umfangreiche Selbstfahrlafetten-Entwicklung nahm ihren Anfang mit den ausgemusterten Fahrgestellen des Panzer I. Unter Verwendung des »B«-Fahr-

Die Altmärkische Kettenfabrik baute eine größere Anzahl von »B«-Fahrgestellen in Panzerjägerfahrzeuge um. Dabei handelte es sich um den Beginn einer langen Entwicklung ähnlicher Fahrzeuge. Als Bewaffnung wurde die tschechische 4,7-cm-Panzerabwehrkanone verwendet.

4,7-cm-Pak (t) auf »Panzerkampfwagen I« (Sd. Kfz 101) ohne Turm.

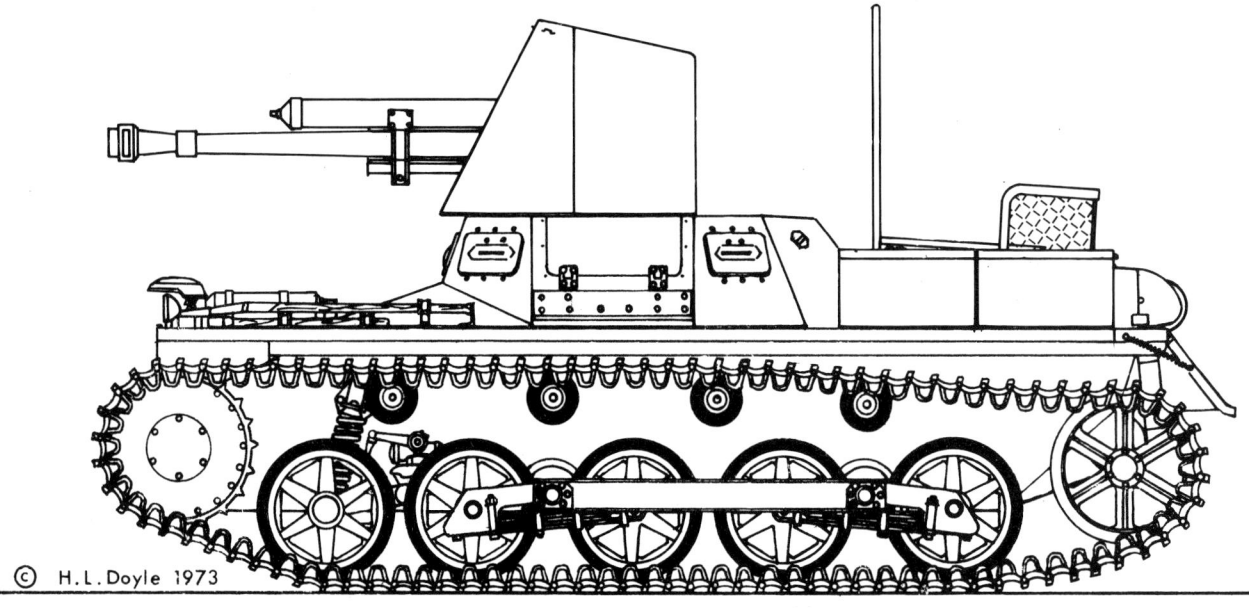

Der Umbau dieser Fahrzeuge bei den Skodawerken in Pilsen. Die ursprünglichen Fahrgestelle wurden völlig zerlegt, verstärkt und neu aufgebaut. Im selben Arbeitstakt laufen die tschechischen Panzerkampfwagen 35 (t).

Ebenfalls von der ALKETT wurde eine Anzahl schwerer Infanteriegeschütze auf das »Panzer I B«-Fahrgestell aufgesetzt.

Die Fahrgestelle waren überlastet, der Aufzug unmöglich für den taktischen Einsatz. Dennoch leisteten diese Fahrzeuge, vor allem in Frankreich, einen wertvollen Beitrag zur Unterstützung der motorisierten Infanterie.

15-cm-sIG 33 auf »Panzerkampfwagen I« Ausf. B.

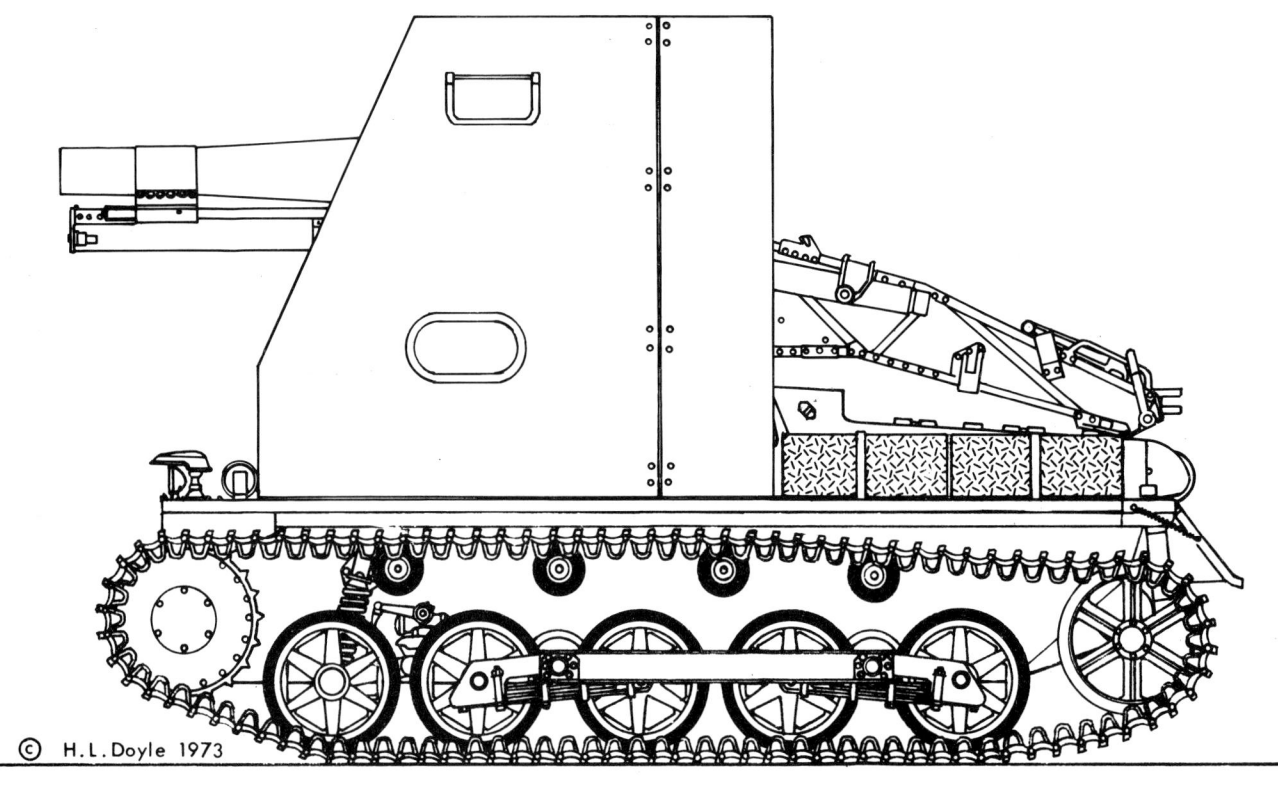

Turmlose »Panzer I«-Fahrzeuge wurden in größeren Stückzahlen bei den Instandsetzungseinheiten der Panzerverbände verwendet.

gestelles wurde durch die Alkett in Berlin-Spandau ein Panzerjägerfahrzeug geschaffen, von dem eine einmalige Serie von 132 Stück aufgelegt wurde. Die Gerätebezeichnung lautete »4,7 cm Pak (t) auf Panzerkampfwagen I (Sd. Kfz. 101) ohne Turm«. Die Auslieferungszahlen waren wie folgt vorgesehen: März 1940 — 40 Stück, April 1940 — 50 Stück und Mai 1940 — 42 Stück. Die Firmen Daimler-Benz und Büssing-NAG, beide in Berlin, sollten zum Nachbau eingeschaltet werden. Die 6,4 t schweren Umbauten hatten 3 Mann Besatzung. Eine 4,7-cm-Pak (t) war mit einem Seitenrichtfeld von je 10° und einer Höheneinstellung von +17,5° und —8° hinter 14,5-mm-Panzerschutz aufgebaut. Der Aufbau war oben und hinten offen. 86 Schuß Munition konnten mitgeführt werden. Die Waffe war tschechischer Herkunft und hatte eine Rohrlänge von 2040 mm (L/43,4). Die größte Schußweite (bei 25° Er-

Die Panzerpioniere erhielten ebenfalls eine Anzahl von »Panzer I«-Fahrzeugen, die mit oben offenen Aufbauten versehen wurden. A- und B-Fahrgestelle wurden dafür verwendet.

Instandsetzungskraftwagen I.

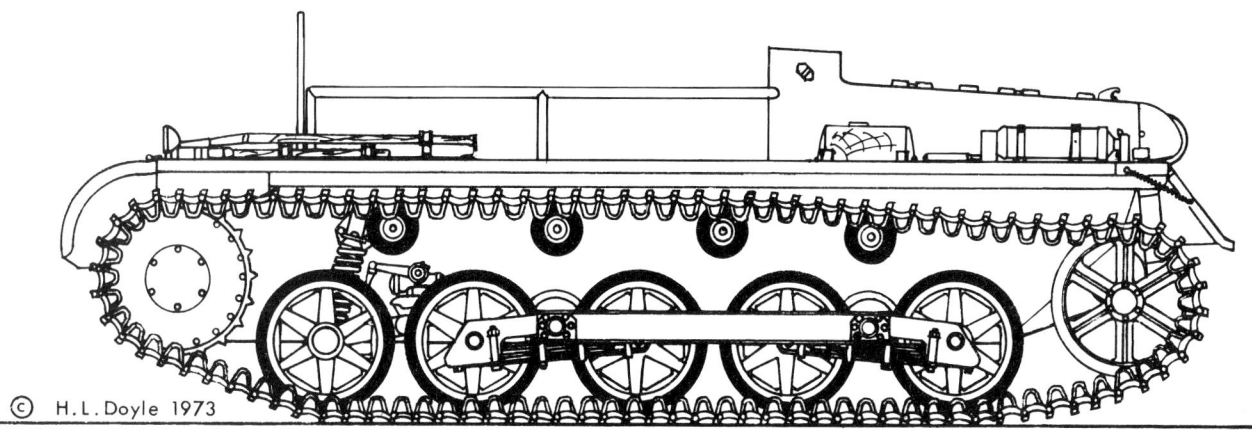

Krupp und Daimler-Benz entwickelten dieses gepanzerte Versorgungsfahrzeug auf dem Fahrgestell der »A«-Ausführung des »Panzers I«. Seine Bezeichnung lautete »Panzerkampfwagen I (A) Munitionsschlepper (Sd. Kfz. 111).

höhung) betrug 6000 m. Die Feuerhöhe betrug 1720 mm. Die Fahrzeuge wurden in Nordafrika und Rußland aufgebraucht.

Ebenfalls von der Altmärkischen Kettenfabrik GmbH gebaut wurde eine Artillerie-Selbstfahrlafette, welche als Unterstützungswaffe für die Panzergrenadiere gedacht war. Dabei wurde ein 15-cm-sIG 33 komplett auf einem »Panzer I«-Fahrgestell verlastet und nach drei Seiten hin mit 10 mm Panzerschutz versehen. Der Kampfraum blieb oben und hinten offen. Die Lösung, so originell sie wirkte, schuf ein Fahrzeug mit unmöglichem Aufzug, der nunmehr 3,35 m betrug. Auch war das Fahrgestell völlig überlastet, da die Waffe allein in feuerbereitem Zustand 1,75 t wog. Mit vier Mann Besatzung betrug das Gefechtsgewicht des Fahrzeuges ca. 8,5 t. Diese Fahrzeuge wurden zu Beginn des Krieges eingesetzt und unterstützten durchgebrochene Panzerverbände wirksam mit Schwerfeuerwirkung. Die Straßenverhältnisse in Rußland bereiteten seinem Einsatz ein rasches Ende. Die in den Truppengebrauch gelangten Geräte führten die Bezeichnung »15 cm sIG 33 auf Panzerkampfwagen I Ausf. B«, vereinzelt tritt auch die Bezeichnung »Geschützwagen (Gw) I für 15 cm sIG 33« auf. Der Gerätebestand 1940 bis 1941 betrug 38 Stück.

Zahlreiche Versuche zur Schaffung von Funklenkpan-

Die erste Ausführung des »Ladungslegers« hatte über der Motorabdeckung eine Gleitrampe angebracht, auf der eine explosive Ladung ruhte. Nachdem das Fahrzeug rückwärts an das zu zerstörende Ziel herangefahren war, wurde die Ladung abgelassen und dann durch Zeitzündung angesprochen.

Die Ansicht des Fahrzeuges von rückwärts zeigt Einzelheiten der Gleitrampe.

Ein »kleiner Panzerbefehlswagen« (Sd. Kfz. 265) auf dem Fahrgestell des »Panzers I« Ausführung A.

zern und sog. Ladungsträgern benutzten als Basis die veralteten Fahrgestelle des Panzers I. An diesen nur wenig bekanntgewordenen Versuchen war vor allem die Waggonfabrik Talbot in Aachen beteiligt. Zuerst wurde über dem Motorraum eines Panzers I eine Gleitrampe angebracht, auf deren Gleitschienen eine kastenförmige Sprengladung ruhte. Diese mit einer Spätzündung versehene Ladung wurde rückwärts an das Ziel herangefahren und von der Innenseite des Panzers abgelassen. Der Zeitzünder ermöglichte ein

Die verbesserte Ausführung des »Ladungslegers I« hatte einen ausziehbaren Schwenkarm, mit dem die Ladung nach rückwärts oder vorne abgesetzt werden konnte.

Die Rückansicht des »Ladungslegers I« zeigt das sonst unveränderte »Panzer I«-Fahrzeug mit Anbau der Auslegervorrichtung.

Entfernen des Fahrzeuges vor der Entladung. Da diese Methode verhältnismäßig primitiv war, schuf Talbot mit Auftrag vom 9. 5. 1940 den »Ladungsleger I«. Hierbei erlaubte eine Vorrichtung, eine Sprengladung von 75 kp mittels eines schwenkbaren und ausschiebbaren Armes aus einem Panzer I abzulegen. Der am Ende des Kampfraumes angebrachte Arm war in Ruhestellung 2 m lang und konnte bis 2,75 m ausgeschoben werden. Die Sprengladung konnte auch noch vorne abgesetzt werden. Lediglich Versuchsstücke wurden gebaut.

Einige Panzer I wurden während des Feldzuges in Nordafrika auch als Flammpanzerwagen eingesetzt. Offensichtlich handelte es sich hierbei um Umbauten, welche von der Truppe selbst vorgenommen wurden. Bei einigen Ausführung A-Fahrzeugen wurde das rechte MG entfernt und dafür der Tornister-Flammenwerfer 40 eingesetzt. Das linke MG blieb erhalten. Brandflüssigkeit und Druckluftbehälter wurden im Fahrzeuginnern untergebracht. Acht Ein-Sekunden-

Kleiner Panzerbefehlswagen (Sd. Kfz. 265) Ausf. B

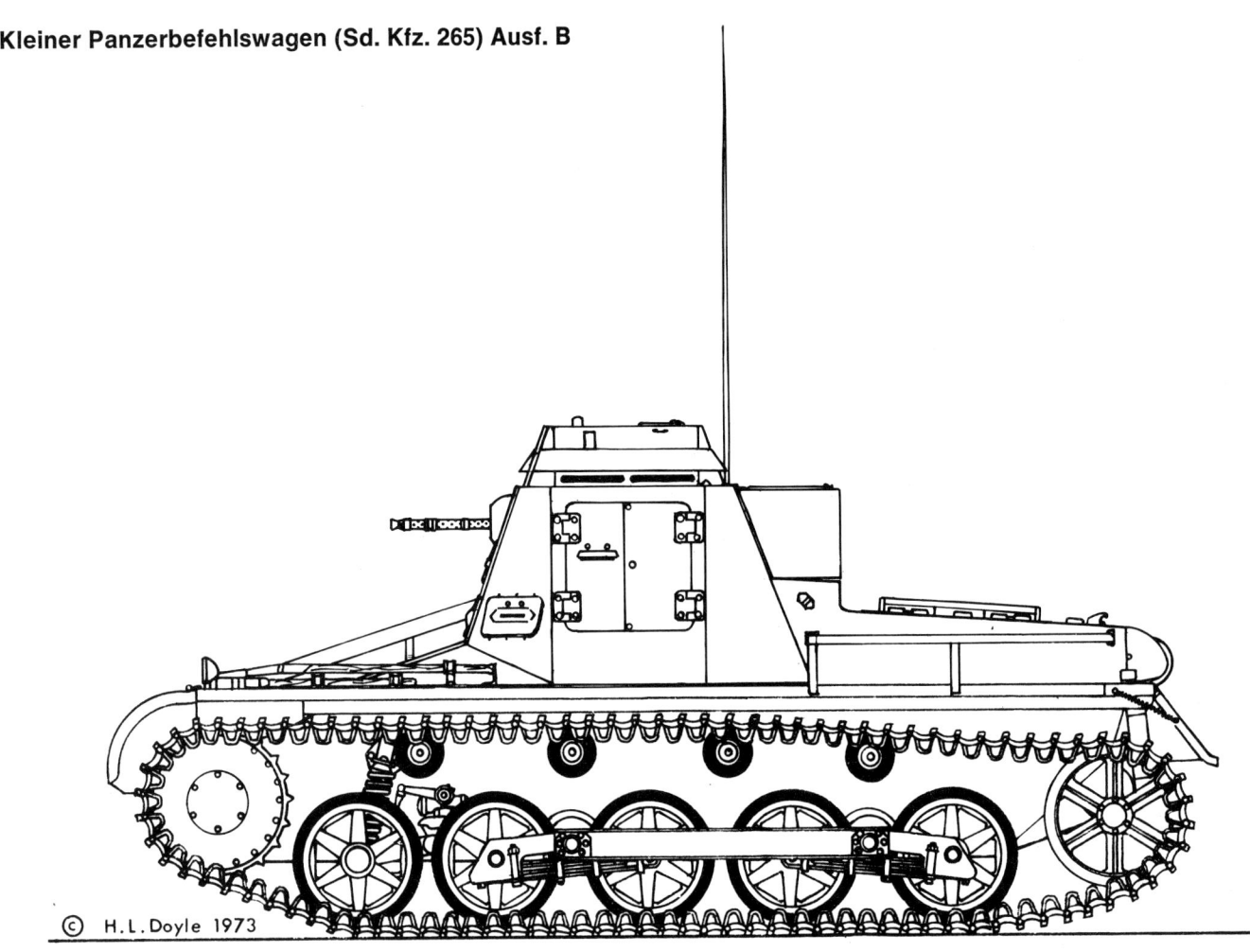

Feuerstöße mit einer Reichweite bis zu 25 m waren damit möglich.

Das Bestreben, den Panzerverbänden auch gepanzerte Führungsfahrzeuge zu geben, führte zur Schaffung der sog. Panzerbefehlswagen. Die leichtere Ausführung verwendete das Fahrgestell des Panzer I. Entwicklungsfirma für das Fahrgestell war nach wie vor die Firma Krupp. Der neuartige Aufbau wurde von der Daimler-Benz AG. entwickelt. Ab 1936 entstanden die ersten Ausführungen des »kleinen Panzerbefehlswagens (Sd. Kfz. 265)«. Der Aufbau, auf dem normalen »Panzer I«-Fahrgestell, wurde beträchtlich vergrößert und kastenförmig ausgelegt. Die Aufbaufrontplatte bestand aus einem Stück Panzerblech. 14,5-mm-Bleche wurden rundum verwendet. Durch Schraubverbindungen wurde der Aufbau mit der Wanne verbunden. Auf der rechten Seite des Aufbaudaches saß eine schmale Panzerkuppel zur Beobachtung des Gefechtsfeldes.

Einsatz dieser Fahrzeuge bei der Besetzung Österreichs 1938. Bild zeigt die Rückansicht des kleinen Panzerbefehlswagens.

Ein anderes Fahrzeug im Polenfeldzug 1939. Das in einer Kugelblende geführte MG 34 ist gut zu erkennen.

Die letzten Ausführungen des »kleinen Panzerbefehlswagens« benützten das Fahrgestell der »B«-Ausführung. Beachte die große Einstiegluke dieses für Führungsaufgaben verwendeten Fahrzeuges.

Zugang zum Kampfraum war durch eine zweiflügelige Türe an der linken Seite des Fahrzeuges gewährleistet. Die Dachkuppel war ebenfalls mit einer Ausstiegsluke versehen. Als einzige Bewaffnung war ein MG 34 in Kugelblende vorhanden, welches in der oberen rechten Seite der Frontplatte eingebaut war. Drei Besatzungsmitglieder waren vorgesehen, ein Fahrer, ein Funker, der ein »Fu 6«- und ein »Fu 2«-Gerät bediente und ein Kommandant. Die erste Ausführung mit der DB-Bezeichnung »1 Kl A« verwendete die A-Ausführung des Panzers I, die darauf folgenden Produktionsmodelle »2 Kl B« und »3 Kl B« die B-Ausführung. Fahrgestell-Nummern liefen von 15 001 bis 15 200. Insgesamt wurden 200 dieser Fahrzeuge hergestellt. Das Gesamtgewicht der Fahrzeuge betrug 5,88 t. Die Aufbauten wurden von den Deutschen Edelstahlwerke AG in Hannover-Linden beigestellt. Zu Beginn des Frankreichfeldzuges 1940 standen 96 Stück dieser Fahrzeuge den angreifenden Truppen zur Verfügung.

Der Gedanke, noch einmal Zwei-Mann-Panzerfahrzeuge zu entwickeln, tauchte überraschenderweise nochmals gegen Kriegsende auf. Nach vorhandenen, jedoch unzuverlässigen Unterlagen beschäftigte sich die Weserhütte AG. in Bad Öynhausen mit dem Entwurf eines VK. 301, während die Büssing-NAG Pläne für ein VK. 501 entwickelte. Beide Entwürfe wurden durch das Ende des Krieges storniert.

Panzerkampfwagen II und Abarten

Über die Hintergründe der 1933 angeregten Fertigung einer zweiten Reihe von Tanks gibt Generaloberst Heinz Guderian in seinem Buch »Erinnerungen eines Soldaten« folgenden Aufschluß: »... da die Fertigung der geplanten Haupttypen (Panzer III und IV) sich länger hinauszögerte, als ursprünglich erhofft wurde, entschloß sich General Lutz zu einer weiteren Zwischenlösung, dem mit einer 2-cm-Maschinenkanone und einem MG bestückten Panzer II ...«

Das Waffenamt, mit seiner Entwicklung beauftragt, vergab im Juli 1934 entsprechende Aufträge über ein Panzerfahrzeug der 10-t-Klasse an die Firmen Friedrich Krupp AG. in Essen, Henschel und Sohn AG. in Kassel und die Maschinenfabrik Augsburg-Nürnberg AG. in Nürnberg. Die ersten Prototypen wurden im Frühjahr 1935 den Vertretern der In 6 vorgeführt.

Krupp hatte bei dieser Entwicklung auf seinen bereits zur Verfügung stehenden »Panzer I«-Prototyp zurückgegriffen und das unter der Typenbezeichnung »L.K. A.2« laufende Fahrzeug mit einer 2 cm KwK 30 und einem MG im Drehturm ausgerüstet. Die Henschel- und MAN-Vorschläge zeigten ein ähnliches Aussehen, wichen jedoch in ihrer Laufwerksausführung grundsätzlich vom Krupp-Prototyp ab.

Unter der vom Heereswaffenamt bestimmten Tarnbezeichnung »LaS 100« (Landwirtschaftlicher Schlepper 100) wurden diese Prototypen eingehend erprobt, wenn auch die Dringlichkeit dieser Fahrzeuge ein konstruktives Ausreifen vor Aufnahme der Serienproduktion nicht ermöglichte. Nachdem die Vorversuche mit dem MAN-Prototyp zufriedenstellend verlaufen waren, entschloß sich das Waffenamt zur Vergabe des Auftrages an die endgültigen Entwicklungsfirmen:

Maschinenfabrik Augsburg Nürnberg AG, Werk Nürnberg, für das Fahrgestell.

Daimler-Benz AG, Werk Berlin-Marienfelde, für den Aufbau.

Nach Aufnahme der Serienproduktion wurden folgende Nachbaufirmen in das Bauprogramm eingeschaltet: FAMO in Breslau (1935 – 43), Wegmann in Kassel (1935 – 41) und MIAG in Braunschweig (1936 – 40). Die gegen Ende 1935 bei der MAN ablaufenden ersten Produktionsfahrzeuge führten die Bezeichnung »a1« (Fahrgestell-Nr. 20 001–20 010) und wurden als Typ »1/LaS 100« während des Jahres 1936 offiziell als »Panzerkampfwagen II (2 cm) (Sd. Kfz. 121)« an die Truppe ausgegeben.

Diese 7,6 t schweren Fahrzeuge waren so gepanzert, daß bei Neigungen des Fahrzeuges bis 30° aus der Waagrechten in Fahrtrichtung und 15° Neigung in Querrichtung aus allen Entfernungen SmK-Geschosse nicht durchschlagen konnten. Die Panzerwanne bestand aus miteinander verschweißten Panzerplatten und war vorne und hinten durch Winkeleisen, die auf dem Boden aufgeschweißt waren, versteift. In den Seitenwänden der Wanne waren die Achsrohre befestigt, auf denen außen die Laufrollen paarweise gelagert waren.

Die Panzerwanne diente als Fahrgestell und zur Aufnahme des Motors und der Triebwerksgruppen sowie der Besatzung.

Ein Maybach 6-Zylinder »HL 57 TR« Triebwerk mit 5,7 l Zylinderinhalt war eingebaut. Bei 100 mm Bohrung und 120 mm Hub ergab sich eine Leistung von 130 PS bei 2600 U/min. Der Wasserkühler war so bemessen, daß bei einer Außentemperatur von 35°, auch bei dauerndem Vollastbetrieb die Wassertemperatur 95° nicht überstieg. Eine Zwischenwelle übertrug das Drehmoment des Motors zur Hauptkupplung. Diese war als trockene Zweischeibenkupplung ausgelegt. Das Getriebe selbst war ein Zahnradgetriebe mit Verzahnungskupplung. Es hatte 6 Vorwärtsgänge und einen Rückwärtsgang. Drehmomentaufnahme bis zu 45 mkp. Das Lenkgetriebe bestand aus je zwei Planeten-

Der Krupp-Vorschlag für die »Panzer II«-Baureihe war das Fahrzeug »LKA 2«, eine Weiterentwicklung des »Panzer I«-Prototyps. Eine 2-cm-Hauptbewaffnung war vorgesehen.

Henschel beteiligte sich an dieser Ausschreibung und stellte ein Versuchsfahrgestell für ein 10-t-Fahrzeug her.

Die Maschinenfabrik Augsburg-Nürnberg lieferte ein Fahrzeug, welches nach kurzen Erprobungen als Serienfahrzeug angenommen wurde.

trieben. Der erste diente als Kupplung, um beim Lenken den Antrieb von der abgebremsten Kette zu lösen, der andere war ein Untersetzungsgetriebe und als solcher mit einer Bremsscheibe zum Abbremsen der Kette beim Lenken und Stillsetzen des Fahrzeuges verbunden.

Das 6-Rollen-Blattfeder-Laufwerk hatte an jeder Seite 6 Laufrollen zu drei Paaren vereinigt und in Schwingen an der Wanne befestigt. Die eine Rolle des Paares war fest in der Schwinge, die andere in der Blattfeder gelagert. Die Federn der einzelnen Radschwingen waren auf den ihnen zufallenden Druck abgestimmt. Das Fahrgestell lief auf zwei ungeschmierten Ketten. Angetrieben wurden die Ketten durch vorne liegende Antriebsräder, die mit den Lenkgetrieben verbunden waren. Geführt wurde die Kette von den Laufrollen, die zwischen den Kettenzähnen liefen und das Fahrzeuggewicht auf die Kette übertrugen. Am hinteren Ende des Fahrgestelles wurde die Kette über das Leitrad nach vorne umgelenkt. Die Leiträder der Ausf. »a1« waren aus Silumin gegossen und hatten eine Gummibandage. Vom Leitrad liefen die Ketten über 3 Stützrollen, die das rücklaufende Kettenstück stützten, zum Triebrad zurück. Gespannt wurde die Kette durch Verstellen des Leitrades. Die Anordnung des Getriebes neben dem Fahrer ergab eine Fahrerfront, welche an der rechten Seite stark im Winkel zurückgezogen war, um den Einbau einer Sichtklappe zu ermöglichen. Der Wannenbug war als runde Platte ausgeführt. Darin war vor dem Fahrersitz eine Ausstiegsöffnung angebracht. Der Funker, der mit dem Rücken zum Fahrer saß, hatte eine Sehklappe nach rückwärts und eine Ausstiegs-

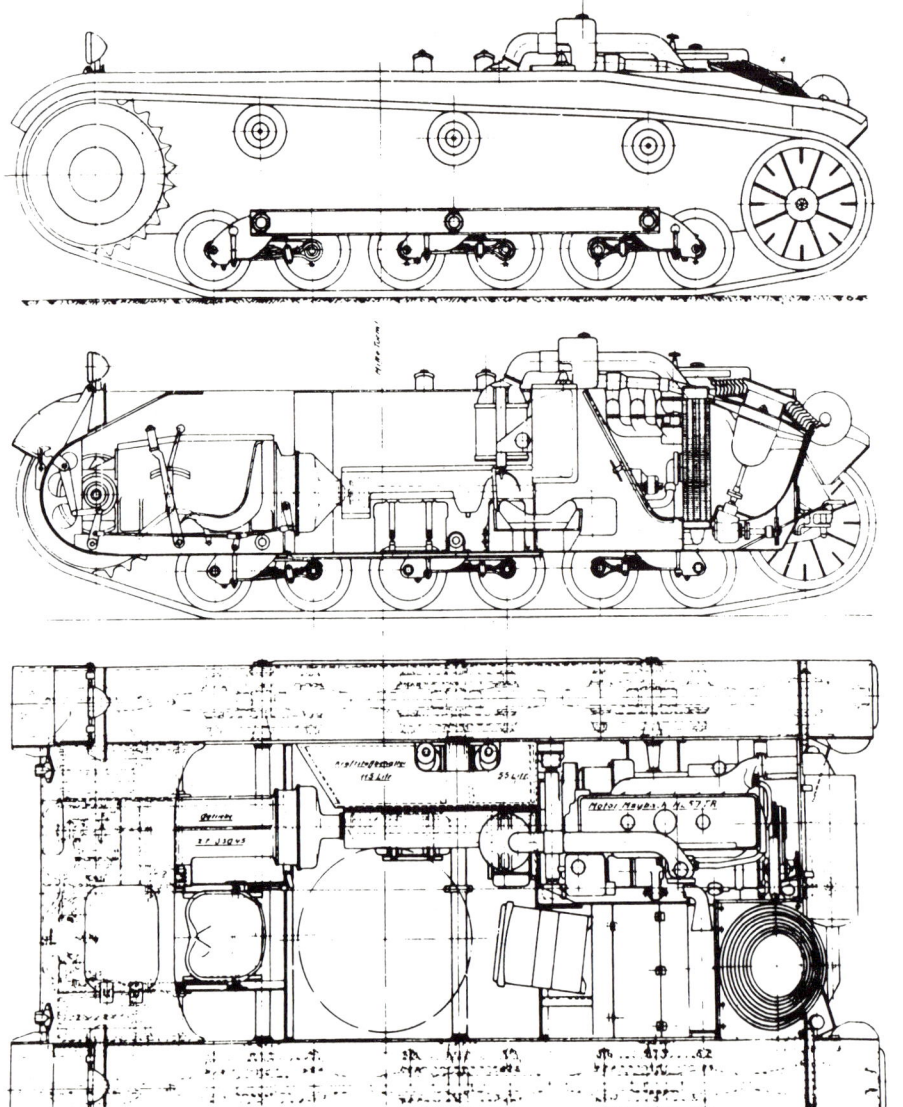
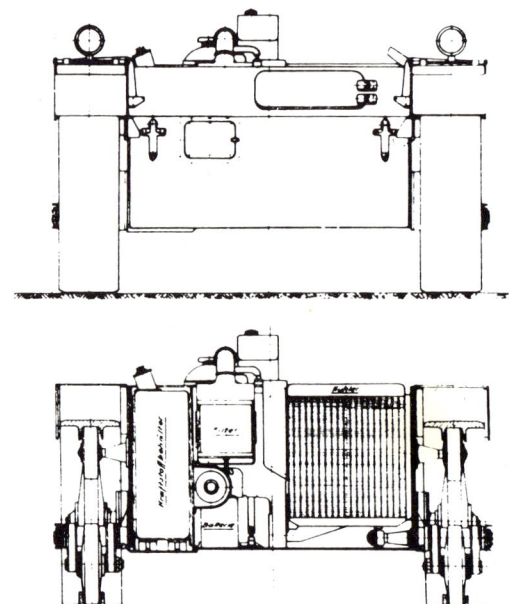

Die ersten Serienfahrzeuge des »Panzerkampfwagens II« (2 cm) (Sd. Kfz. 121) führten die Typenbezeichnung »a1«, »a2« und »a3«.

möglichkeit neben dem Motor. Dem Kommandanten, der gleichzeitig Richtschütze war, standen im Drehturm eine 2 cm KwK 30 und ein MG 34 zur Verfügung. Dafür wurden 180 bzw. 1800 Schuß Munition mitgeführt. Die Kanone hatte einen einteiligen Verschluß mit Verriegelungshebel und eine Lauflänge von 1000 mm. Die Feuergeschwindigkeit betrug 280 Schuß/Min. Die Gebrauchsentfernung ging bis zu 1200 m. Der Drehturm selbst, der von Handrädern bewegt wurde, hatte vier Sichtklappen und eine zweiteilige Ausstiegsöffnung im Turmdach.

Die unmittelbar darauf folgende Ausf. »a2« (Fahrgestell-Nr. 20 011–20 025) hatte in der Rückwand ein Handloch zur besseren Zugänglichkeit des Ventilator-Kegeltriebs. Die Lichtmaschine erhielt einen Saugstutzen und Frischluftzuleitung.

Die Ausf. »a3« wurde in zwei Serien gebaut (Fahrgestell-Nr. 20 026–20 050 und 20 051–21 000). Die Zwischenwand zwischen Motor und Funker war nun abschraubbar. Eine große Bodenklappe unter dem Motor diente zum Ausbau der Kraftstoffpumpe und des Ölfilters. Schon ab Ausf. »a2« wurde ein geschweißtes

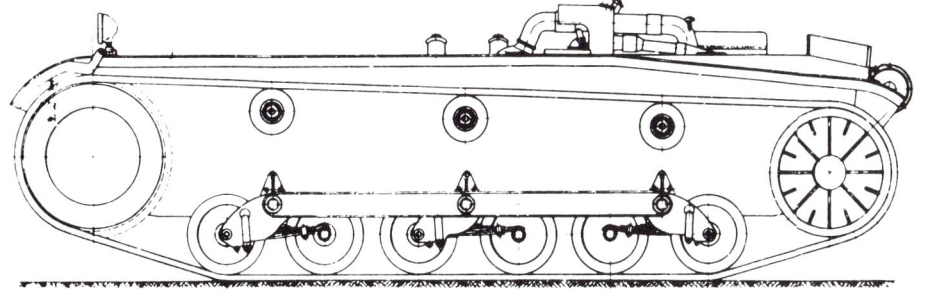
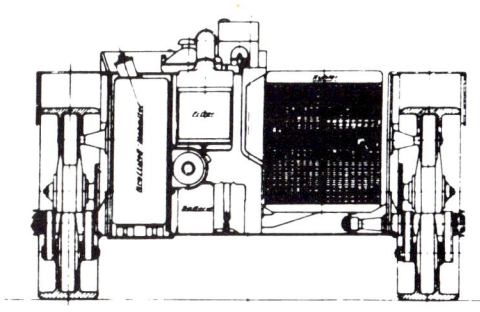
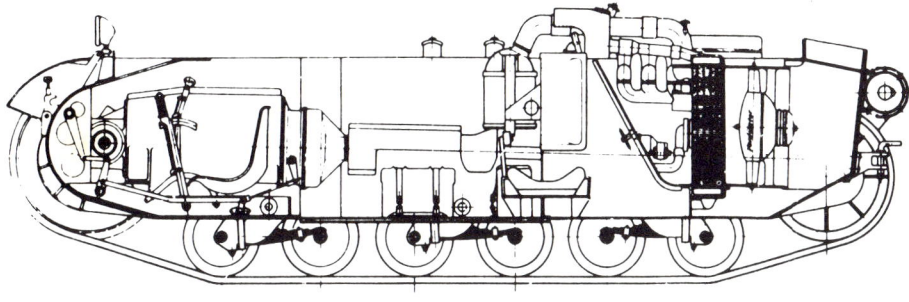
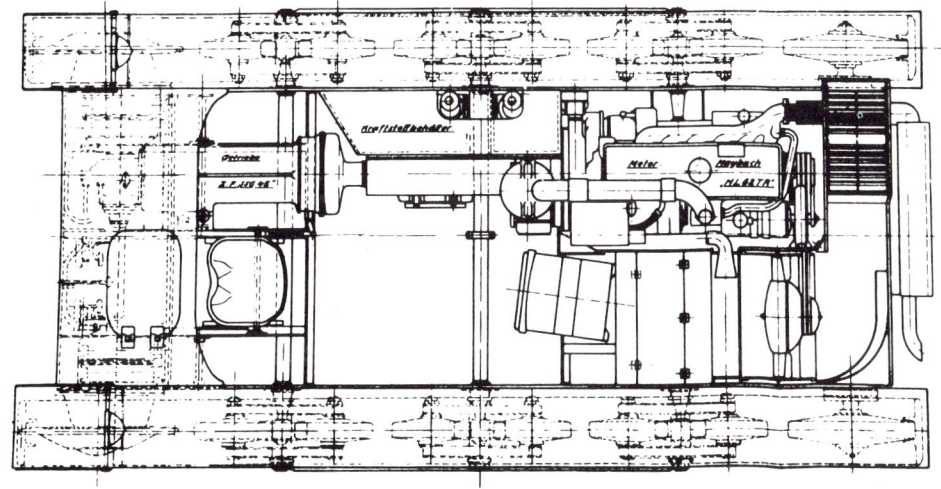

Die Ausführung »b« folgte 1936. Nunmehr war der Maybach »HL 62«-Motor eingebaut.

Leitrad ohne Gummibandage verwendet. Bei den Fahrzeugen 20 051—21 000 kamen Federn ohne Zusatzblätter mit Doppelschlaufen zur Verwendung. Auch wurde ein Kühler mit 158 mm Blocktiefe verwendet. Die Kraftstoffbehälter, von denen der erste 102 l, der zweite 68 l faßte, erhielten einen neuen Einfüllstutzen mit Bajonettverschluß. 1936 erschien eine weitere Ausführung des »Panzers II«, der Typ »2/LaS 100«. Diese Ausf. »b« (Fahrgestell-Nr. 21 001 — 21 100) hatte einen geänderten Wagenbug, um das Lenkgetriebe mit Vorgelege aufzunehmen. Bei dieser Anordnung war lediglich der zweite Planetentrieb des Lenkgetriebes durch ein Stirnradvorgelege ersetzt, welches sich nunmehr an der Außenseite der Panzerwanne befand. Das außenliegende Gehäuse bestand aus Panzerstahl. Das neu ausgelegte Triebrad hatte nach wie vor einen Durchmesser von 755 mm. Die Laufrollen waren verbreitert. Neue Federbriden mit Kreuzschlitzschrauben wurden verwendet. Die verbreiterten Stützrollen hatten einen kleineren Durchmesser. Die Kettenabdeckbleche waren hinten verlängert und hochklappbar. Ein neuer Auspufftopf kam

Vierseitenansicht des Fahrzeuges.

zum Einbau, welcher länger als bisher, aber im Durchmesser kleiner war. Der Schalthebel war um 30 mm verkürzt. Nunmehr kam der Maybach »HL 62 TR«-Motor zur Verwendung, der bei 105 mm Bohrung und 120 mm Hub und einem Zylinderinhalt von 6,2 l 140 PS leistete. Das hintere Motorlager wurde neu gestaltet.

1937 erschien die Ausf. »c« (Fahrgestell-Nr. 21 101– 22 000 und 22 001–23 000). Als Typ »3/LaS 100« erhielt dieses Fahrzeug eine neue Wanne für ein Kurbellaufwerk. Dabei war das 5-Rollen-Blattfeder-Laufwerk so ausgelegt, daß jede Rolle in einem drehbaren Kurbelarm in der Panzerwanne gelagert war. Fest mit der Kurbel verbunden war die Blattfeder, deren verjüngtes Ende sich gegen eine drehbare Rolle an der Panzerwanne abstützte. Beim Durchfedern der Laufrolle schob die Kurbel die Blattfeder unter ihrer Stützrolle durch und vergrößerte dadurch die wirksame Länge der Blattfeder. Die von 1780 auf 1880 mm verbreiterte Kettenspur verlangte neue Stützrollen-Tragzapfen, neue Triebräder und im Durchmesser vergrößerte Leiträder.

Wie schon bei der Ausf. »b« kamen wegen der breiten Laufrollen neue Gleisketten zur Verwendung.

Der Kettenschutz wurde verbreitert. Senkrecht angeordnete und versetzte Einfüllstutzen versorgten die von 5 auf 10 mm verstärkten Kraftstoffbehälter. Eine

»Panzerkampfwagen II« (2 cm) Ausf. b (Sd. Kfz. 121).

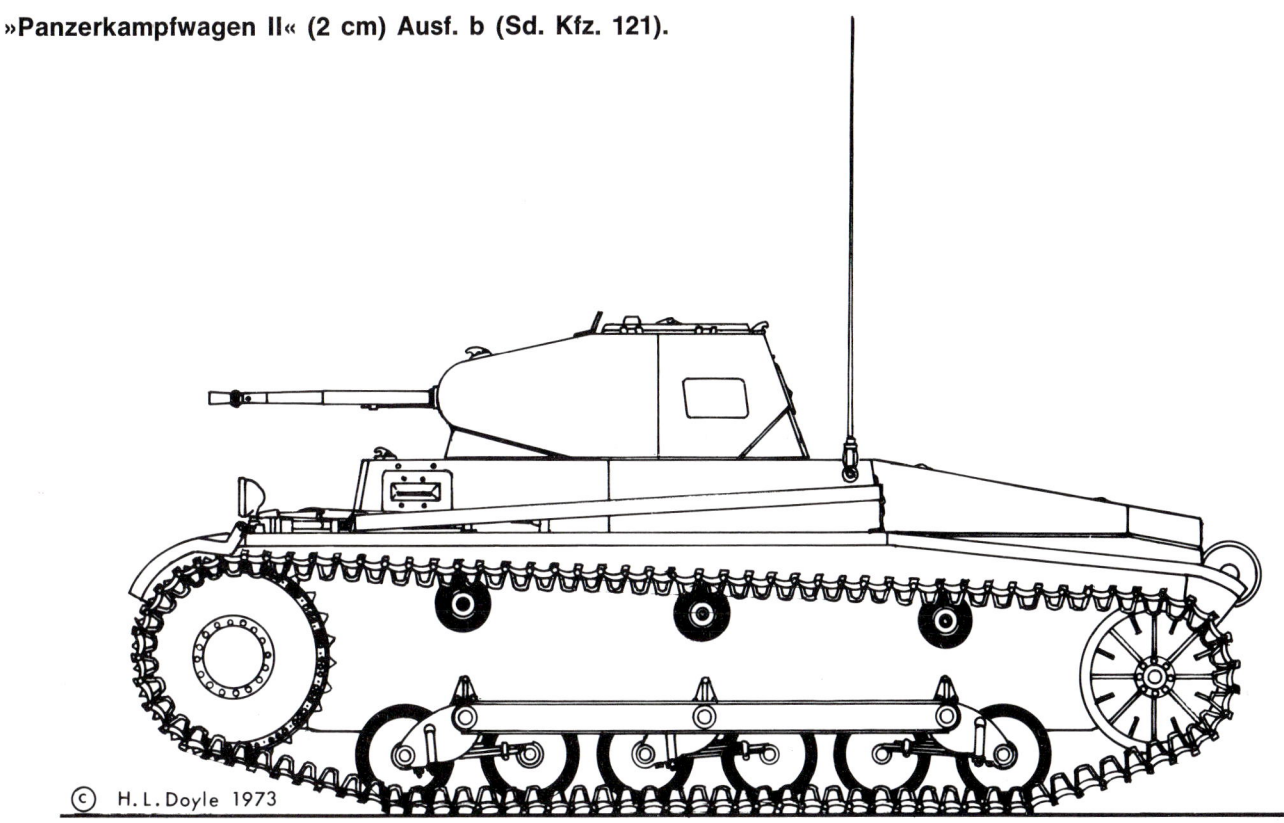

neue Bremsanordnung ermöglichte eine selbsttätige Nachstellung der Abstützung der Kettenbremse. Eine Abschaltbarkeit der Hauptscheinwerfer bei Nachtfahrt war gegeben. Das Gesamtgewicht war bei den Fahrzeugen 21 001–21 100 auf 7,9 t angestiegen und wurde bei den Fahrzeugen 21 101–27 000 auf 8,9 t erhöht.

Bei den Fahrzeugen 22 020–22 044 kamen Molybdänstähle (Ersatzstähle) zur Verwendung. 1937 bis 1940 kamen die Ausführungen »A« (Fahrgestell-Nr. 23 001–24 000, »B« (Fahrgestell-Nr. 24 001–26 000) und »C« (Fahrgestell-Nr. 26 001–27 000) zur Ablieferung.

Die bisher gebogene Bugplatte wurde ab Ausf. A durch gerade Bleche abgelöst. Ab der 4. Serie war die Frontpanzerung nachträglich auf 30 mm verstärkt worden.

Henschel beteiligte sich ab 1937 bis März 1938 am Zusammenbau dieser Fahrzeuge mit einem monatlichen Ausstoß von ca. 20 Einheiten.

Die Altmärkische Kettenfabrik GmbH. (Alkett) war gegen Ende 1937 als Tochtergesellschaft der Rheinmetall-Borsig AG. für eine monatliche Panzerfertigung (Montage) von vorerst 30 Panzerkampfwagen der Type Panzer II eingerichtet worden. Die ersten fertiggestellten Panzerkampfwagen dieser Type kamen im Laufe des Jahres 1938 zum Ausstoß. Diese Fahrzeuge, von denen bei Alkett insgesamt etwa 300 Stück gebaut wurden, sind durch den Panzer III abgelöst worden.

Die vordere Bodenversteifung war wegen einer neuen Getriebelagerung geändert worden. Bei diesem Getriebe handelte es sich um das verbesserte ZF »SSG 46« Synchrongetriebe. Eine selbsttätige Nachstellung der Abstützung der Ketten und Stützbremse wurde eingeführt. An Funkgeräten wurden zwei UKW-Empfänger und ein UKW-Sender mitgeführt. Das Fahrzeug war dementsprechend entstört.

Zum Schutz der Augen gegen Bleispritzer und Splitter waren hinter den Sehschlitzen der Sehklappen der

Die Vorder- und Rückansicht des »Panzerkampfwagens II« (2 cm) Ausf. b (Sd. Kfz. 121).

Diese Fahrzeuge wurden hauptsächlich bei den Feldzügen in Polen und Frankreich verwendet. Bild zeigt ein Fahrzeug der 7. Panzerdivision bei der Unterstützung von Infanterieeinheiten in Frankreich.

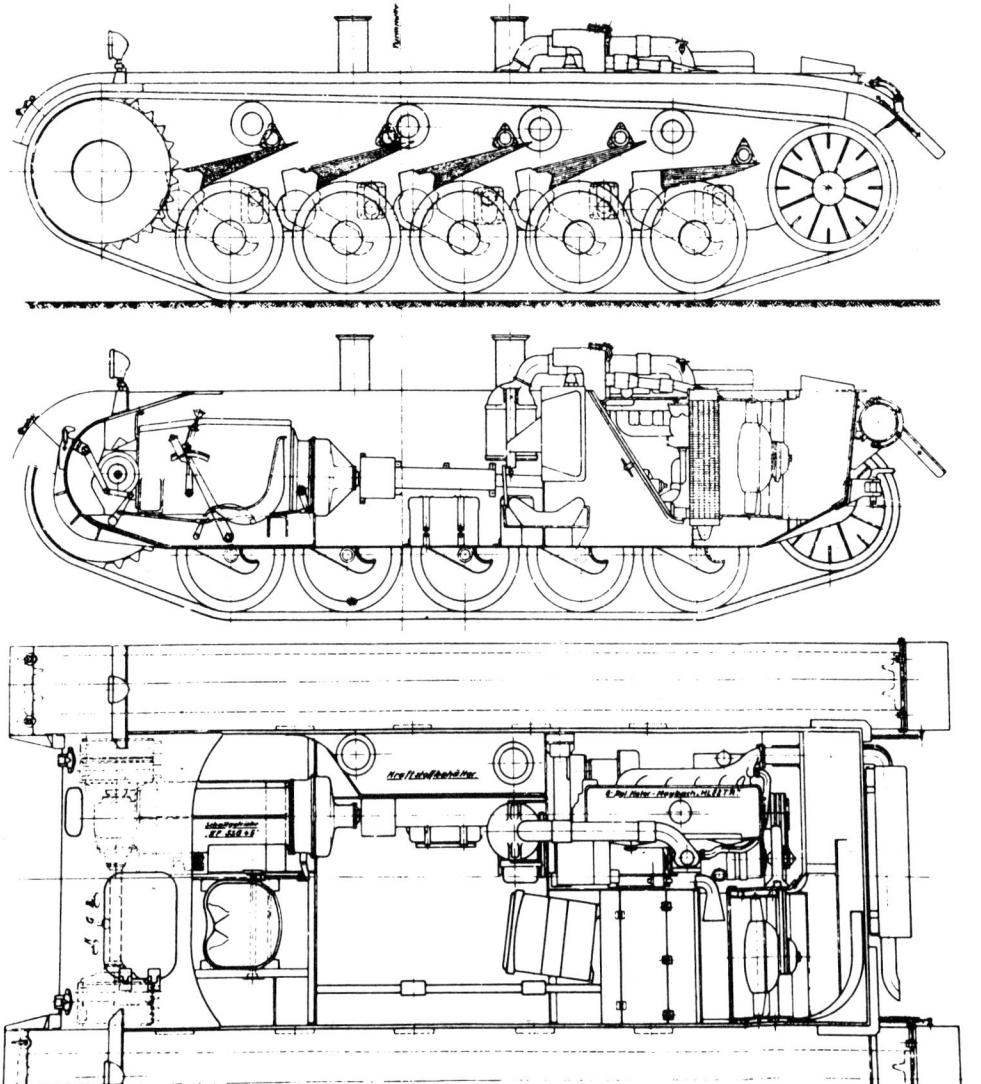

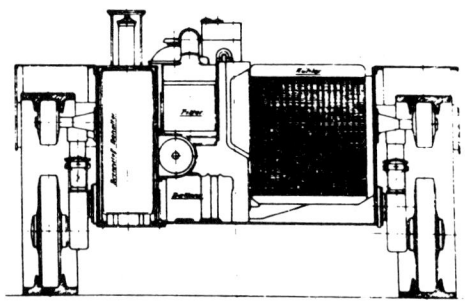

Die 1937 erschienene Ausführund »c« des »Panzerkampfwagens II« hatte nunmehr das endgültige 5-Rollen-Serienlaufwerk der »Panzer II«-Baureihe.

Typisch für dieses Fahrzeug waren die runde Bugplatte und der zweiteilige Turmlukendeckel.

Panzerkampfwagen I (MG) (Sd. Kfz. 101) Ausf. A

Panzerkampfwagen I (MG) (Sd. Kfz. 101) Ausf. B

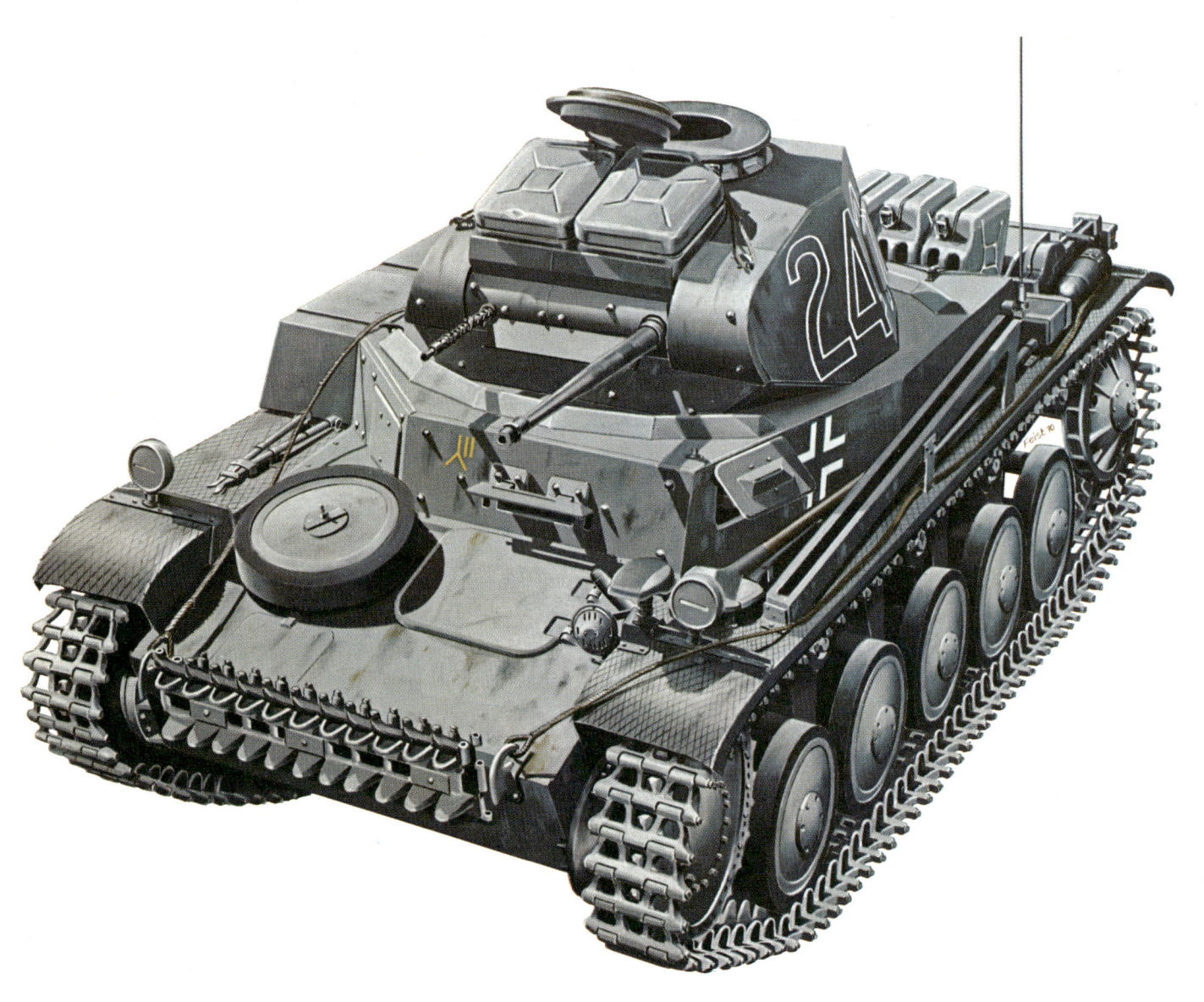

Panzerkampfwagen II (2 cm) (Sd. Kfz. 121) Ausf. C

Panzerkampfwagen II (2 cm) (Sd. Kfz. 121) Ausf. D und E

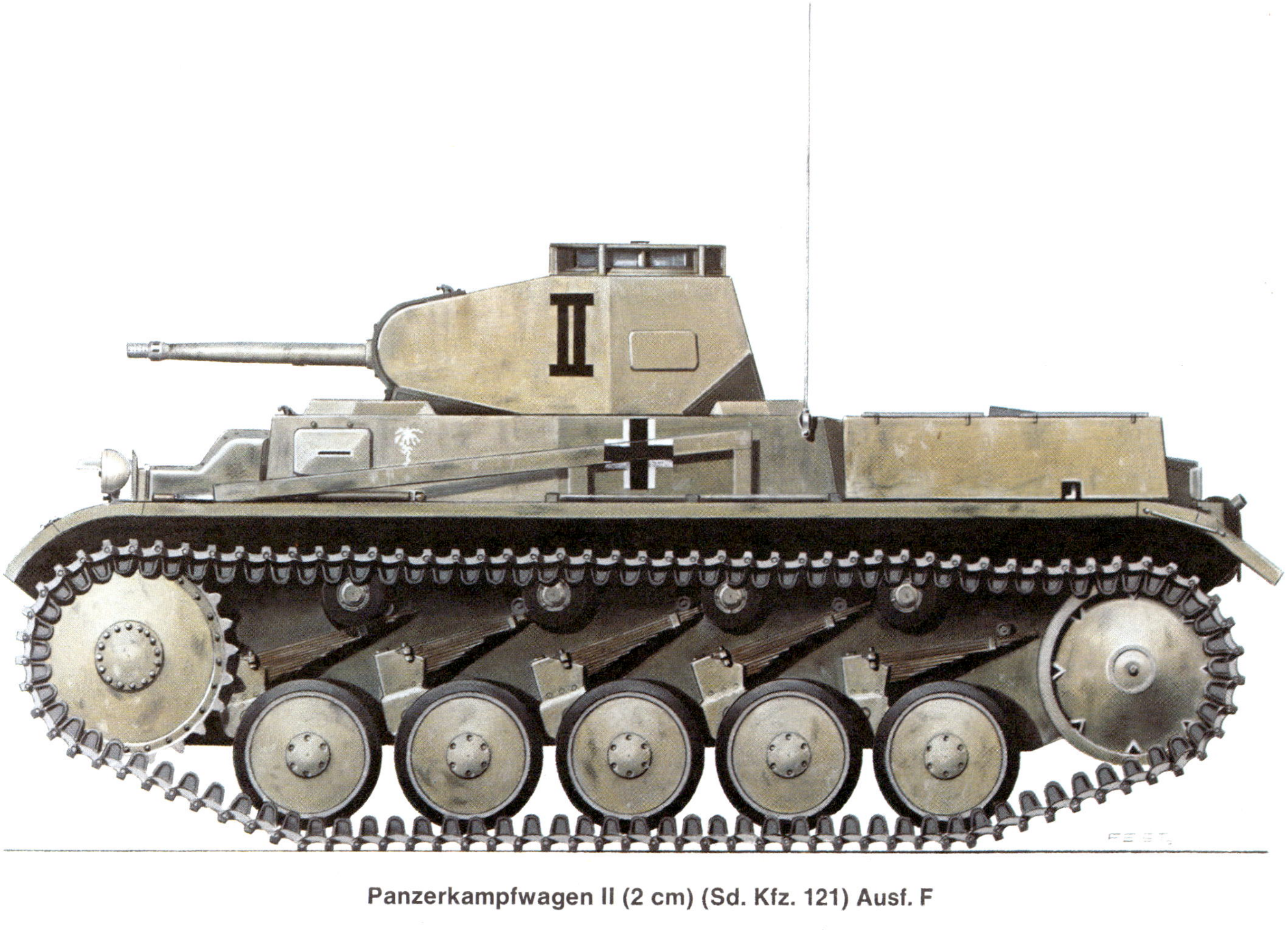

Panzerkampfwagen II (2 cm) (Sd. Kfz. 121) Ausf. F

Panzerkampfwagen II (Sd. Kfz. 123) Ausf. L
auch Panzerspähwagen II (2 cm)
(Sd. Kfz. 123) »Luchs«

Leichte Feldhaubitze 18/2 auf Fgst. Panzerkampfwagen II (Sf) (Sd. Kfz. 124),
früher »Wespe«

Einzelheiten im Vorderteil des »Panzers II« zeigen das neben dem Fahrersitz liegende Getriebe und die Kardanwelle zum Motor. Der Kraftstofftank ist an der rechten Wannenseite angeordnet.

Diese Aufnahme zeigt den eingebauten Motor mit danebenliegender Kühlanlage. Die beiden Kraftstoffeinfüllstutzen sind gut zu erkennen.

Die wichtigsten Teile des neuen »Panzer II«-Laufwerkes mit Laufrolle, Schwingarm, Blattfeder und drehbarer Rolle.

Der Panzeraufbau von rückwärts gesehen. Bild zeigt die Funker-Sichtklappe sowie den Durchbruch für die Antenne. Die Turmlagerung ist gut zu erkennen. ▶

Blick auf die rechte Aufbauseite mit Motorabdeckung. ▶

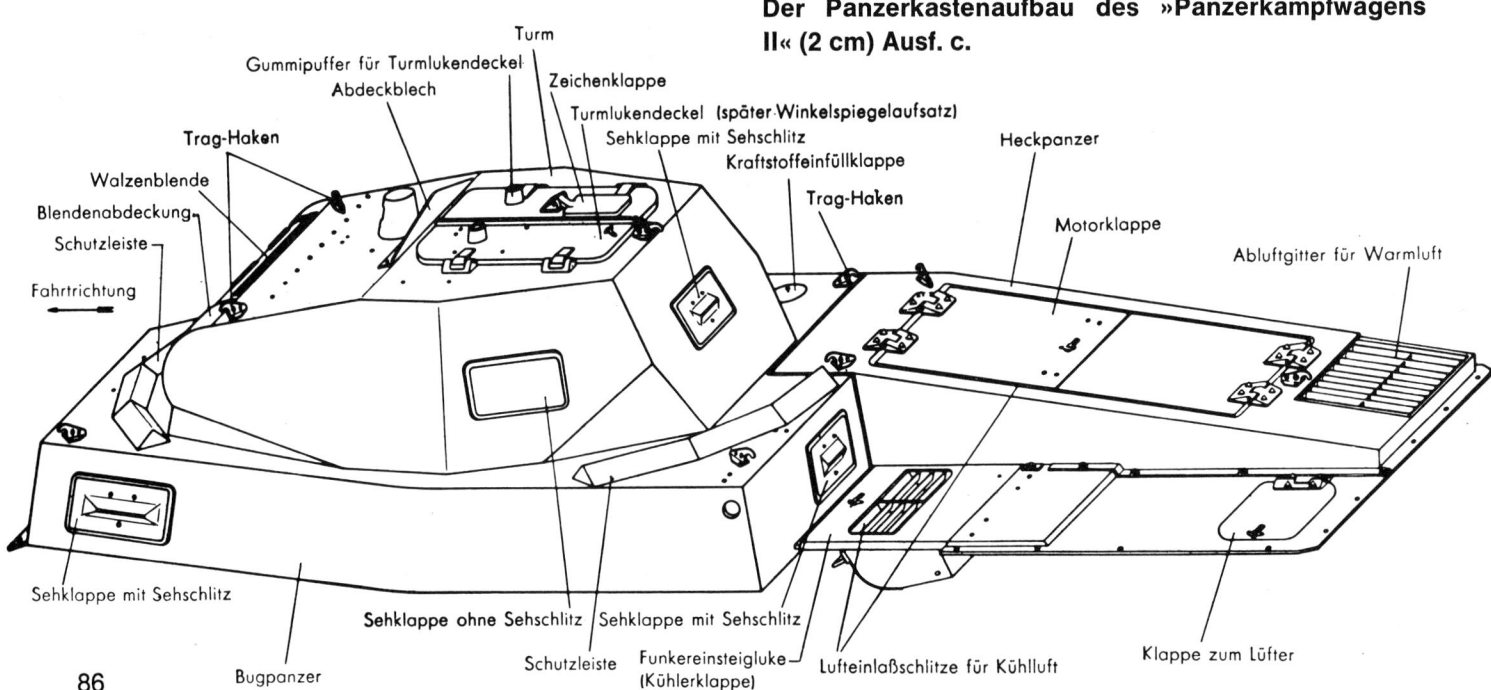

Der Panzerkastenaufbau des »Panzerkampfwagens II« (2 cm) Ausf. c.

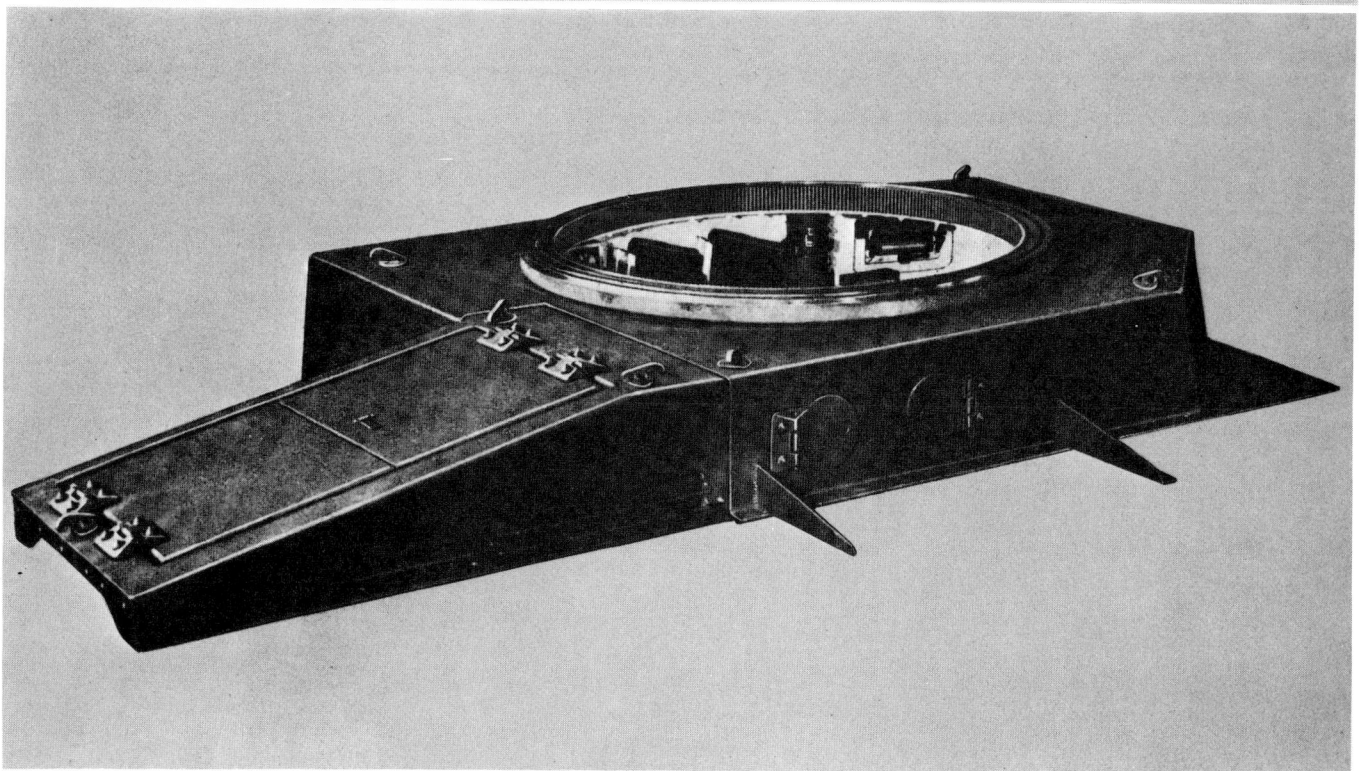

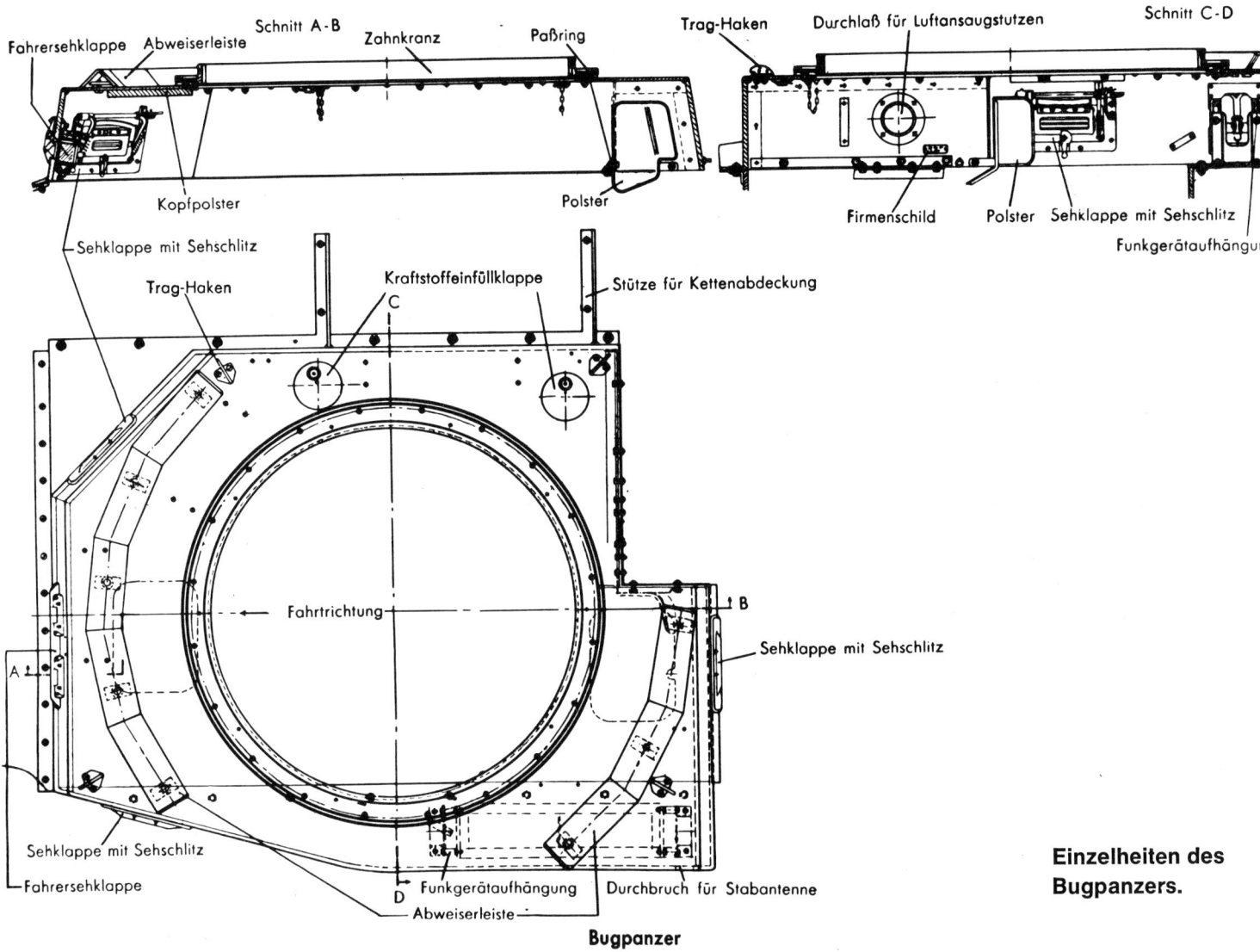

Einzelheiten des Bugpanzers.

Ausführungen »A« und »B« 12 mm dicke, ab Ausf. »C« 50 mm dicke Schutzgläser gelegt. Ebenfalls kam ab Ausf. »A« anstelle der zweiteiligen Klappe im Turmdach eine flache Kommandantenkuppel zum Einbau. Deren Ringgehäuseflansch nahm acht Winkelspiegel auf, die eine 360°-Beobachtung erlaubten. Die Kuppel selbst war durch eine runde Klappe verschlossen. Der Produktionsauslauf der »C«-Serie erfolgte im März 1940.

In der Zwischenzeit hatten sich die Fahrzeuge in Polen bewährt, wo sie auch zahlenmäßig am stärksten vertreten waren, obwohl die Produktion stark gedrosselt worden war. Von Juli bis Dezember 1939 ergab sich folgende fabrikatorische Ausbringung von »Panzer II«-Fahrzeugen:

Juli	August	September
9	7	5
Oktober	November	Dezember
8	2	—

Im November 1938 vergab das Waffenamt einen Auftrag an die Maschinenfabrik Augsburg-Nürnberg zur Schaffung eines 175/200 PS starken Dieselmotors (Typ HWA 1038 G) zum Einbau im »Panzer II«. Die voraussichtliche Auslieferung sollte Ende 1940 erfolgen.

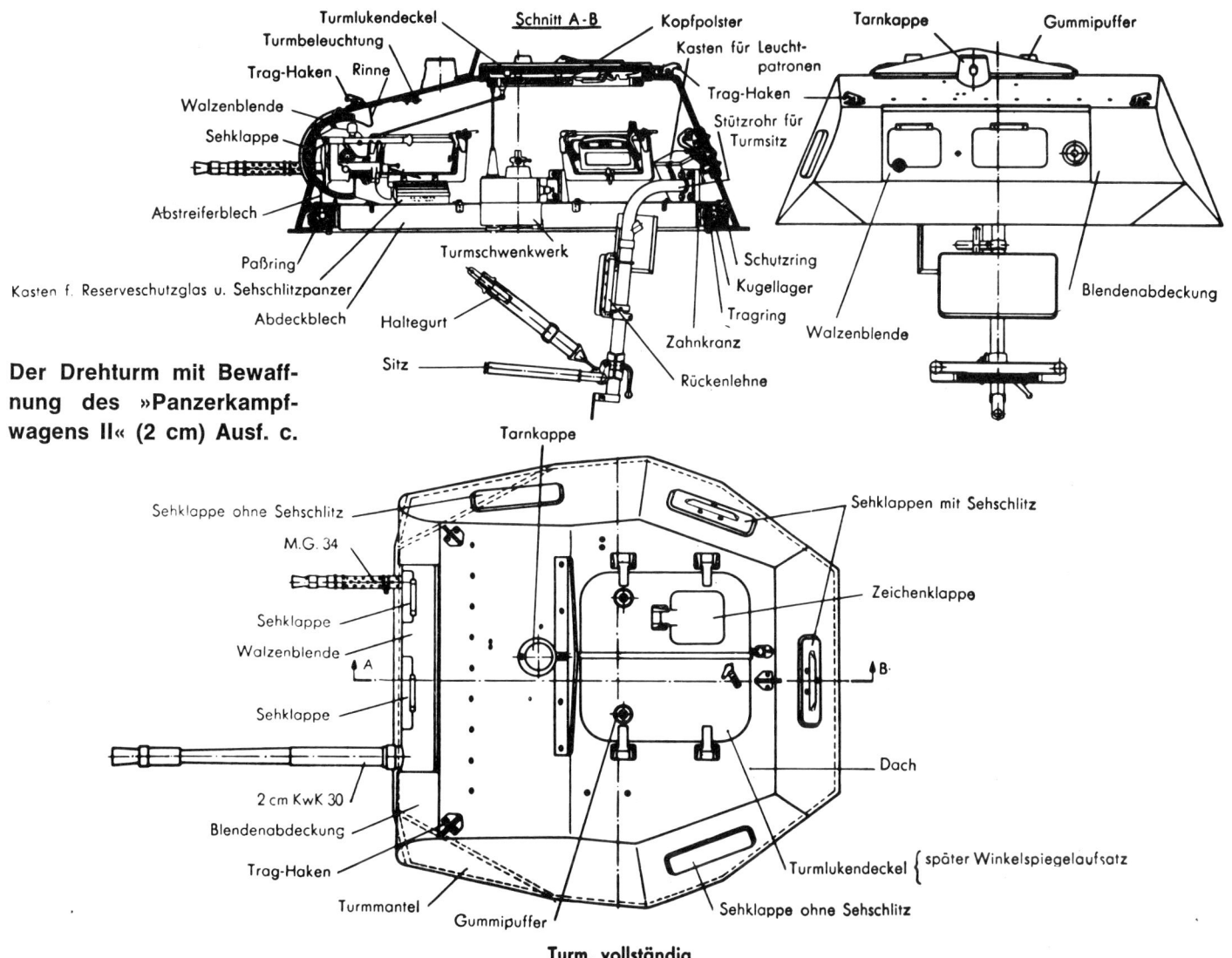

Der Drehturm mit Bewaffnung des »Panzerkampfwagens II« (2 cm) Ausf. c.

Turm, vollständig

Eine Mitteilung vom 27. 11. 1939 besagt, daß der ursprüngliche Anlauf einer neuen Serie von »Panzer II«-Fahrzeugen mit verstärkter Panzerung im April 1940 wegen verspäteten Eingangs der Wannenzeichnungen nicht möglich sei. Am 1. 11. 1940 liefen fünf Aufträge über »Panzer II«, davon waren drei im April und zwei im August 1940 erteilt worden, die Produktion lief jedoch erst im Dezember 1940 an.

Diese neue Ausführung »F« (Fahrgestell-Nr. 28 001–29 400) hatte eine völlig neue Stirnpanzerung und Fahrerfrontplatte bekommen. Die Panzerstärken hatten sich gegenüber den Vorgängern wie folgt geändert:

	frühere Modelle	Ausführung »F«
Turm Stirnplatte	14,5 + 20,0 mm	30 mm
Geschützblende	14,5 + 14,5 mm	30 mm
Fahrerfrontplatte	14,5 + 20,0 mm	30 mm
Obere Bugplatte	14,5 + 14,5 mm	20 mm
Untere Bugplatte	14,5 + 20,0 mm	35 mm
Seitenpanzerung	14,5 mm	20 mm

Das Gesamtgewicht des Fahrzeuges war dadurch auf 9,5 t angestiegen. Beachtenswert war die gerade Durchführung der Fahrersitz-Stirnplatte, die jetzt vor

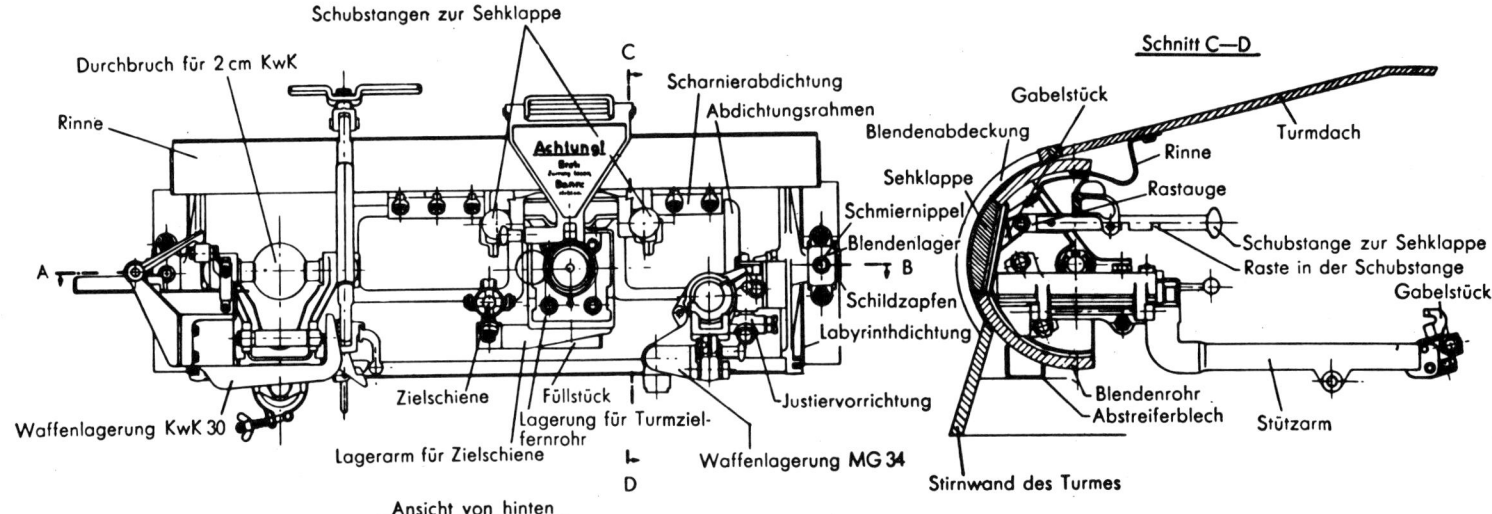

Walzenblende

Zwei Ansichten der Walzenblende mit allen Einzelheiten.

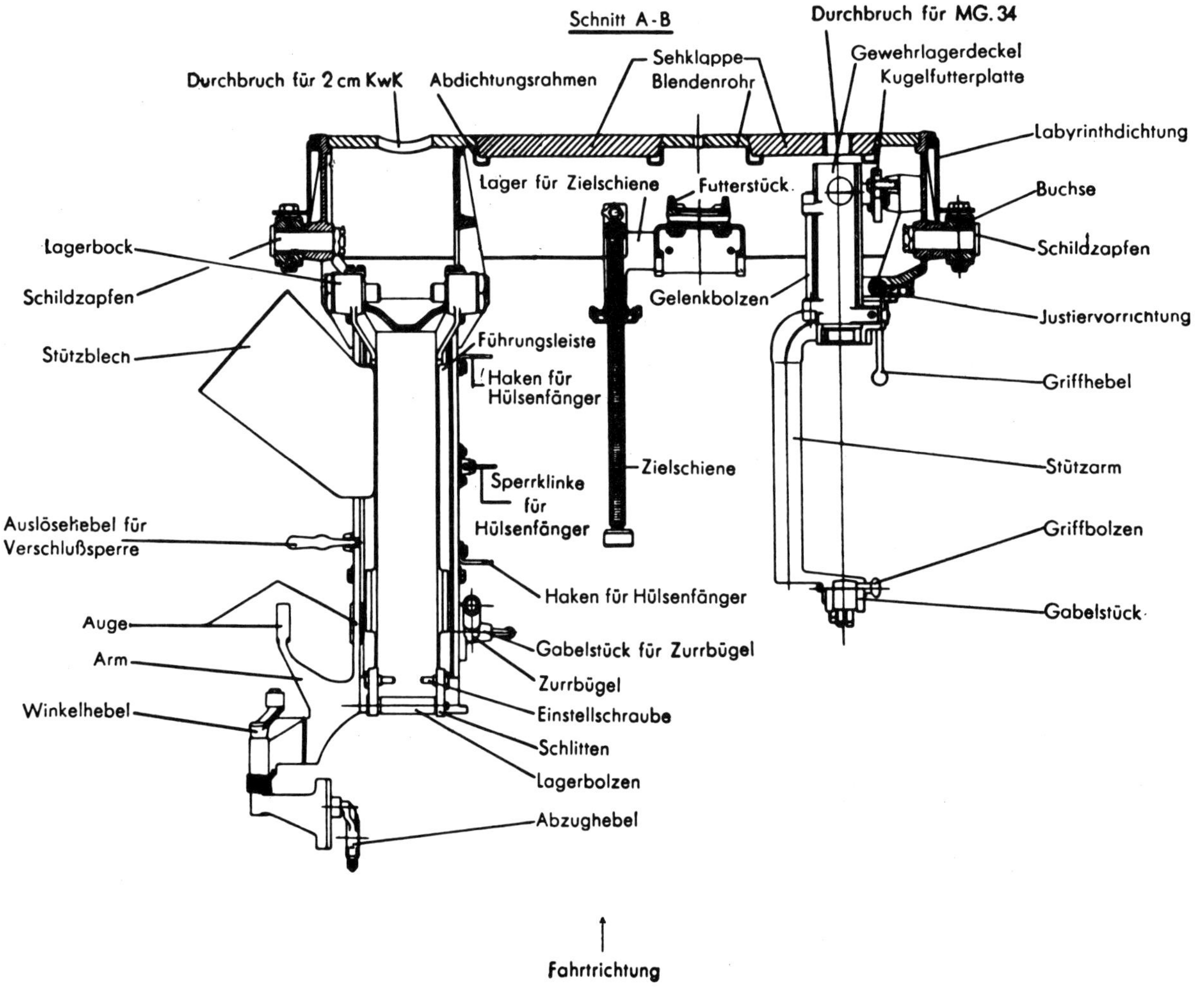

Walzenblende (Draufsicht)

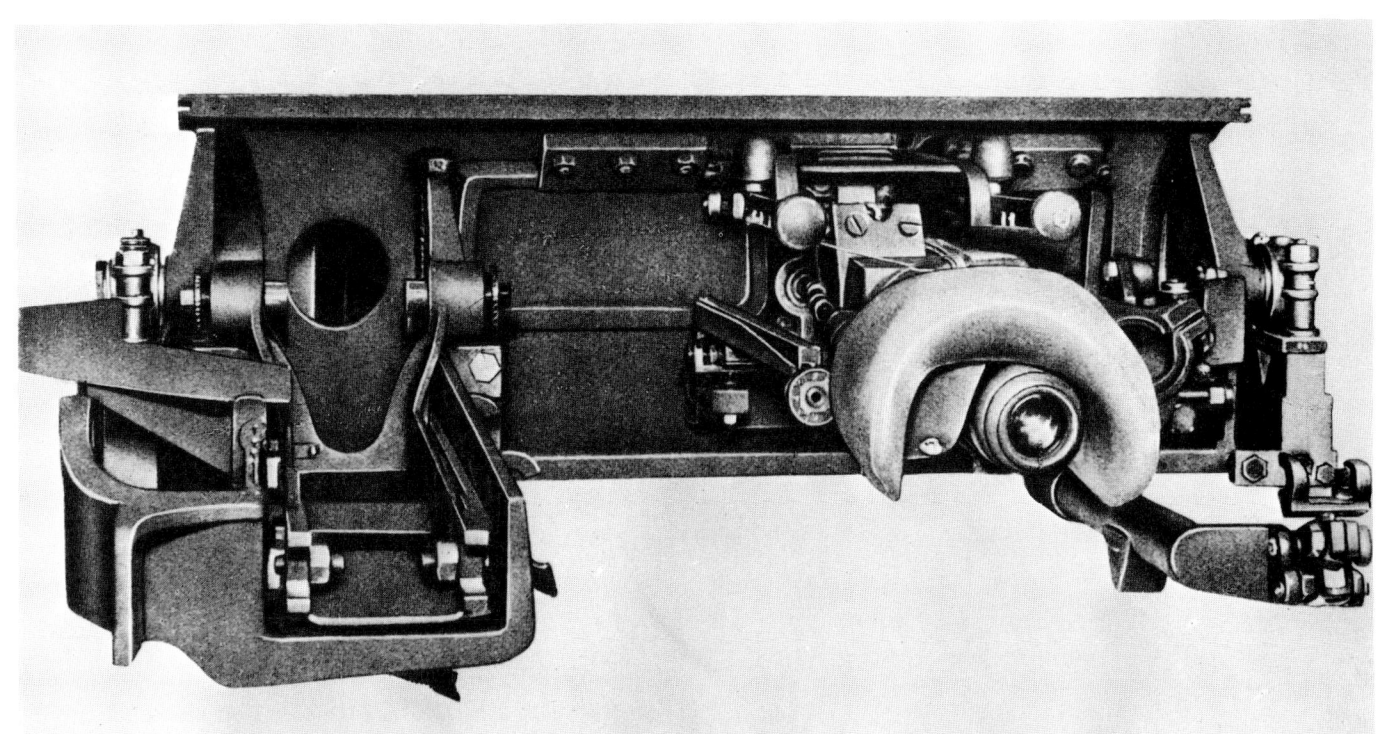

Innenansicht der Walzenblende mit Lagerung für die 2-cm-KwK links und Maschinengewehr rechts. In der Mitte die Zieloptik.

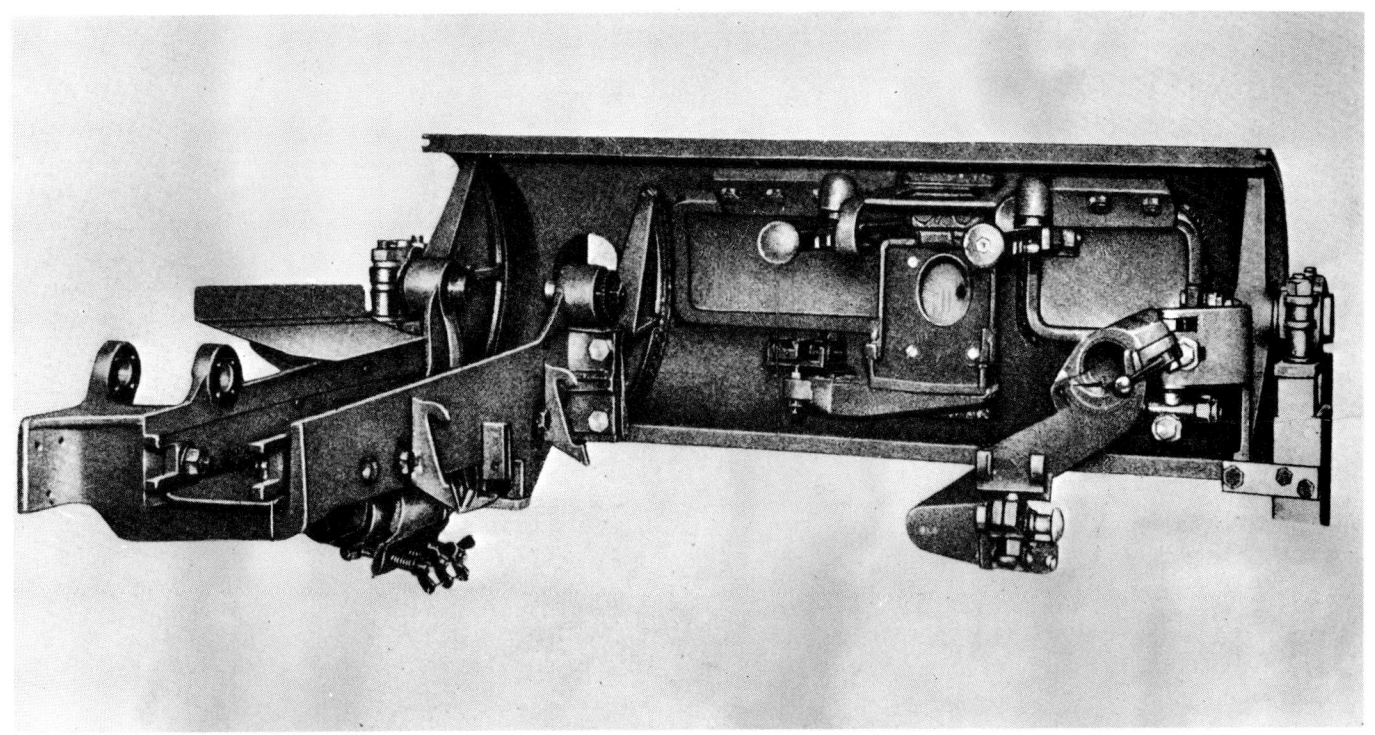

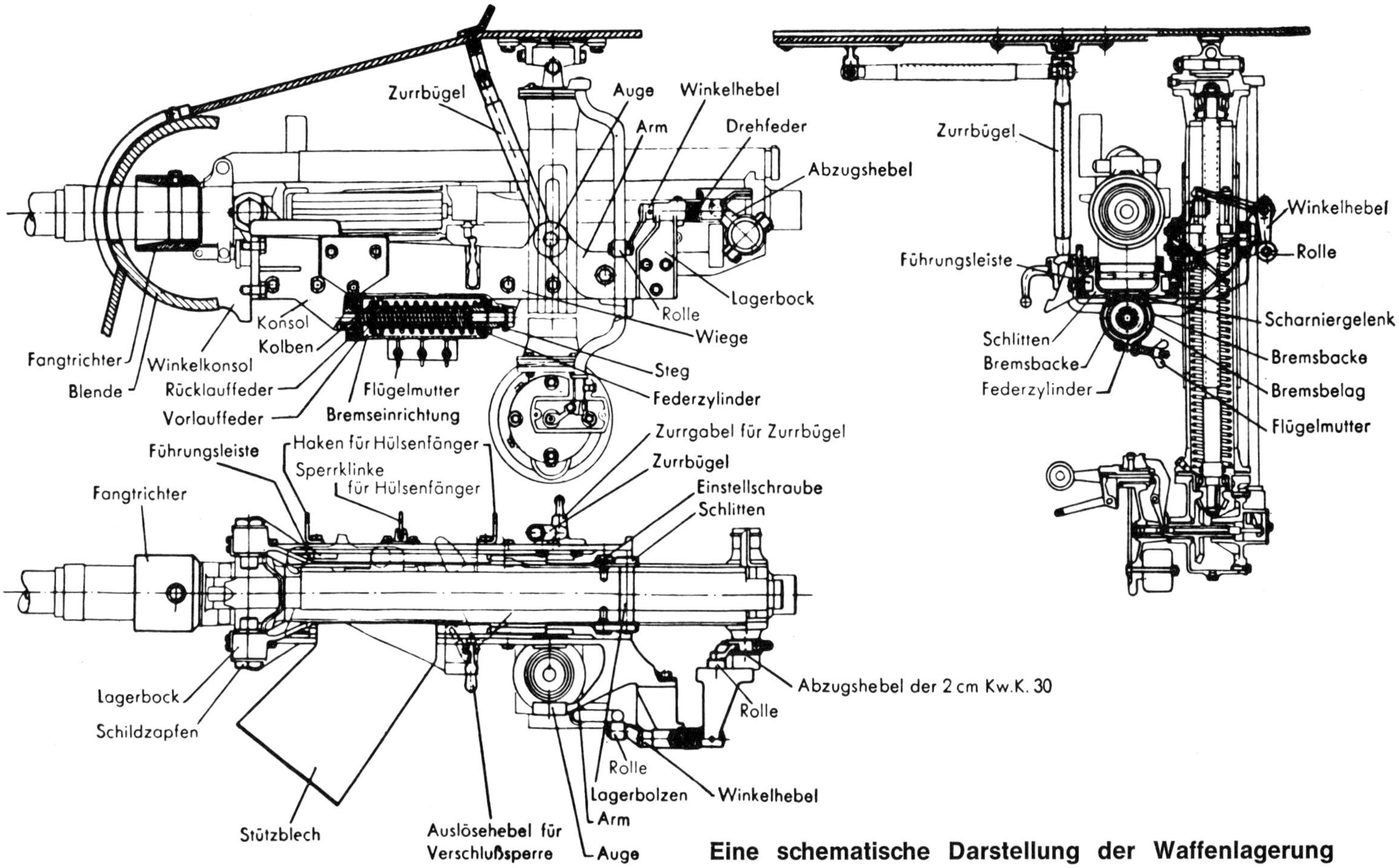

Eine schematische Darstellung der Waffenlagerung der 2-cm-KwK 30 mit Abfeuerungsgestänge.

Die »c«-Ausführung des »Panzerkampfwagens II« in Seitenansicht. Die geneigte, über dem Kotflügel angebrachte Schutzvorrichtung diente zur Aufnahme der Antenne.

»Panzer II« (Ausf. c) während des Frankreichfeldzuges. Der runde Bug dieser Fahrzeuge wurde im Rahmen der allgemein durchgeführten Panzerverstärkung mit zusätzlichen Panzerplatten versehen.

dem Getriebe eine Blendenattrappe erhielt. Dahinter befand sich jedoch keine Öffnung, wie auch die an der rechten Aufbauseite angebrachte Sichtklappe keinerlei Verwendung finden konnte. Anscheinend waren hierbei bereits Überlegungen über eine weitere Verwendung dieses Fahrzeuges angestellt worden, die sich später nicht verwirklichen ließen.

Ebenfalls zur Verwendung kamen neue Leiträder, die nun aus konisch ausgebildeten Blechscheiben bestanden. Die Laufrollen waren teilweise aus Leichtmetall hergestellt. Bewaffnung und Funkausrüstung blieben unverändert, die Standard-Nebelkerzen-Abwurfvorrichtung wurde hinten am Fahrzeug angebracht. Der Preis des Fahrzeuges (ohne Bewaffnung) betrug 49 228,— RM. Bewaffnungsmäßig wurde ein Teil dieser Fahrzeuge mit der verbesserten 2 cm KwK 38 ausgestattet. Diese Waffe hatte einen Drehkopfverschluß und wie die KwK 30 eine Lauflänge von 1000 mm. Die Zahl der Züge war von zwei auf acht erhöht worden. Als Gebrauchsentfernungen ergaben sich: gegen Erdziele bis 1200 m, gegen Panzer möglich bis 1000 m, gegen Panzer günstig bis 600 m.

Bei Kriegsbeginn bildeten die »Panzer II« zahlenmäßig das Rückgrat der angreifenden Panzerdivisionen, und

Das Bergen ausgefallener Panzerkampfwagen wurde bereits im Frieden eingehend geübt und dadurch der Truppe eine ausgezeichnete Instandsetzungseinrichtung in die Hand gegeben. Bilder zeigen einen mittleren Zugkraftwagen 8 t (Sd. Kfz. 7) der Firma Krauss-Maffei (Typ »KM m 9«) mit dem Tiefladeanhänger für Panzerkampfwagen (Sd. Anh. 115) beim Bergen eines »Panzerkampfwagens II«.

»Panzerkampfwagen II« (2 cm) Ausf. c (Sd. Kfz. 121).

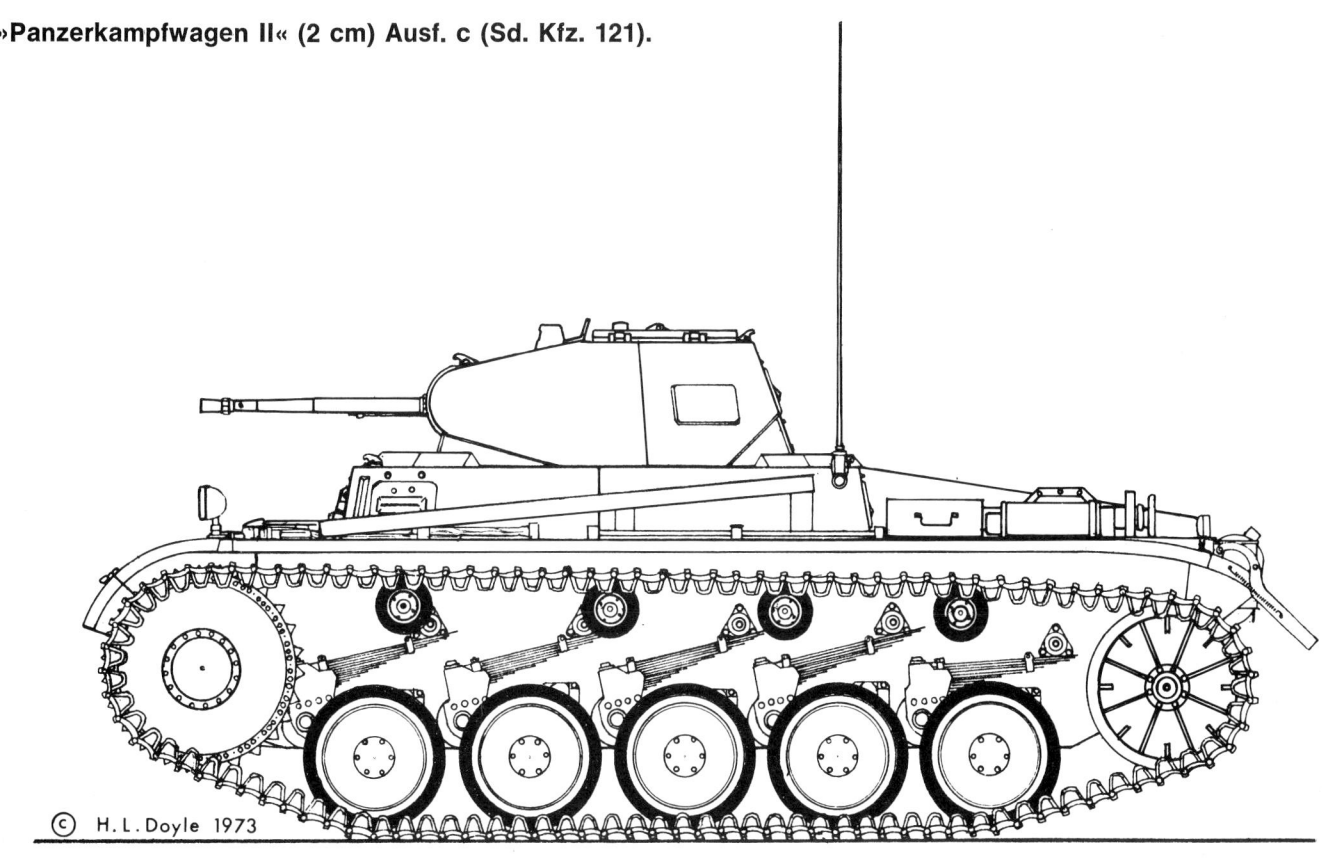

Bei der Ausführung »A«, »B« und »C« des Panzerkampfwagens II kam nunmehr eine flache Kommandantenkuppel zum Einbau.

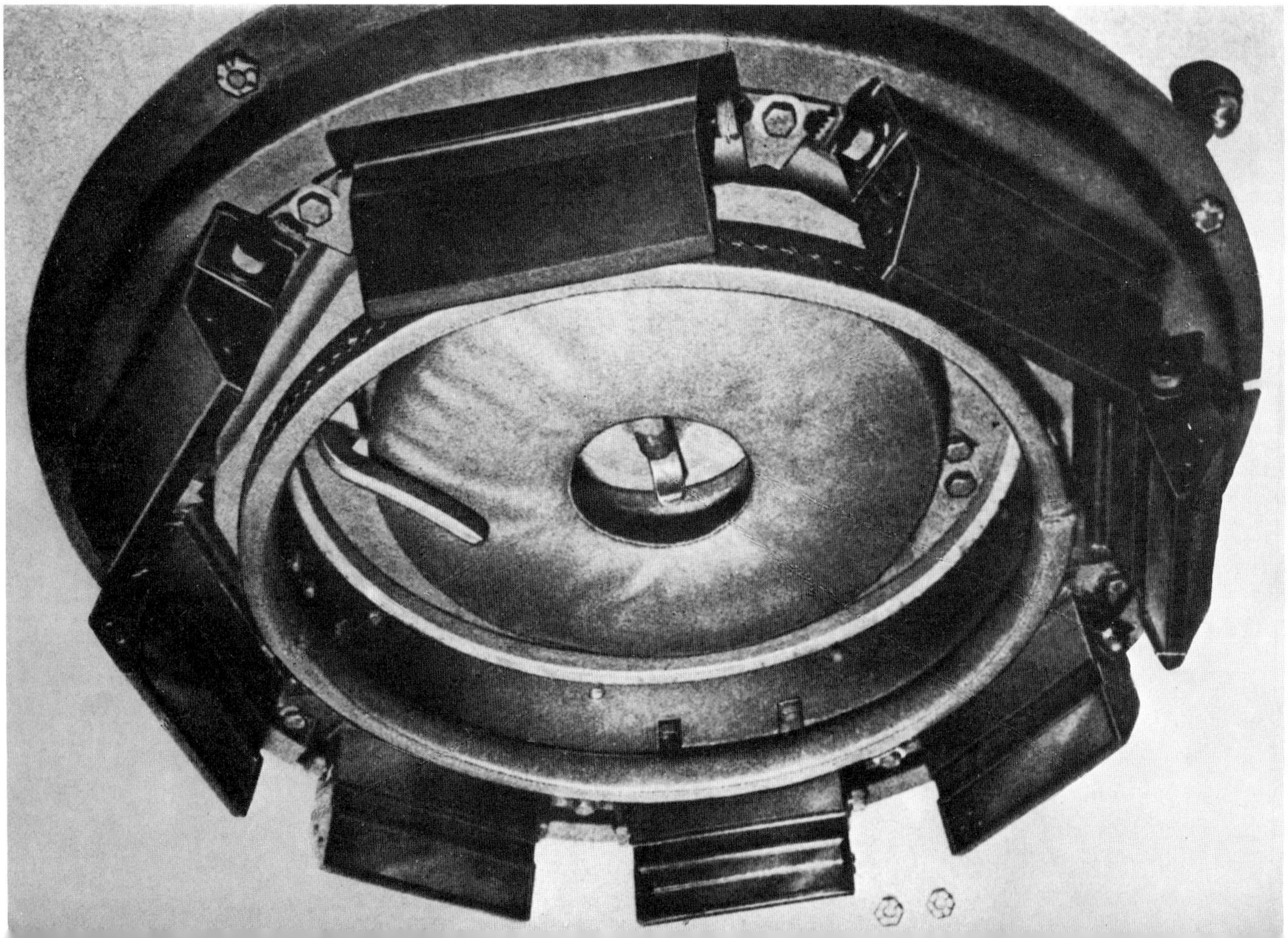

◀ Blick in den Drehturm von unten nach Einbau der flachen Kommandantenkuppel. Die Waffenlagerung ist gut erkennbar.

◀ Eine Nahaufnahme der Kommandantenkuppel von innen zeigt die ringsum angeordneten Winkelspiegel sowie die Klappenpolsterung.

Der niedrige Aufzug der Kuppel in Nahaufnahme. Die Bewaffnung ist entfernt.

Die Gesamtansicht des »Panzerkampfwagens II« (2 cm) Ausf. A (Sd. Kfz. 121).

◀ Zusatzpanzerungen wurden beim »Panzer II« an der Fahrerfront und an der Turmvorderseite angebracht.

◀ Neue Fahrzeuge der »B«-Ausführung werden bei der Maschinenfabrik Augsburg-Nürnberg abgenommen.

Die Produktionsabschlußserie der »Panzerkampfwagen II« war die Ausführung F. Erkennungsmerkmal sind die Attrappen-Funkerblende sowie die neuen Kettenspannräder, die nunmehr konisch ausgelegt waren.

»Panzerkampfwagen II« (2 cm) Ausf. F (Sd. Kfz. 121).

Fahrzeug beim Einsatz in Rußland. In der Luft ein Verbindungsflugzeug vom Typ Fieseler »Storch«.

Diese Fahrzeuge standen noch jahrelang im Truppengebrauch und bildeten das Rückgrat der angreifenden Panzerdivisionen in Nordafrika, Jugoslawien und Rußland. Sie waren nach dem Auftreten des russischen »T 34« völlig überholt.

zu Beginn des Frankreichfeldzuges 1940 standen 955 »Panzer II« zur Verfügung. Bestandsmäßig waren am 1. 7. 1941 noch 1067 »Panzer II« beim Heer vorhanden, diese Zahl war am 1. 4. 1942 auf 860 Stück abgesunken. Die in Nordafrika verwendeten »Panzer II«-Fahrzeuge erhielten eine geänderte Lüfteruntersetzung und zusätzliche Staubsicherungen. Nach solchen Umbauten lautete die Bezeichnung »Panzerkampfwagen II (Tp)«. Bereits 1938 waren zwei weitere Baureihen von »Panzer II«-Fahrzeugen aufgelegt worden, die ein völlig neues Laufwerk erhielten. Dabei kamen vier große, an Drehstäben gefederte, vollgummibereifte Laufräder zur Verwendung, welche Stützrollen überflüssig machten. Grundsätzlich war auch die Raumaufteilung ge-

Die »D«- und »E«-Ausführung des »Panzerkampfwagens II« hatte je Seite vier große, an Drehstäben aufgehängte Laufräder. Neben dem Fahrer war nunmehr der Funkersitz angeordnet.

ändert, die dem Funker einen Platz neben dem Fahrer im Vorderteil des Fahrzeuges zuwies. Er hatte eine Sichtklappe in der Fahrerfront und einen zweiten Ausstieg in der oberen Bugplatte. Das Saugluft-Schaltgetriebe vom Typ Maybach Variorex »VG 102128 H« mit 7 Vorwärts- und 3 Rückwärtsgängen war direkt am Motor angeflanscht und mittels Antriebswelle mit dem vorne liegenden Zwischengetriebe verbunden. Die Antriebsräder lagen vorne. Die Daimler-Benz AG. in Berlin-Marienfelde war für diese Serie verantwortlich und lieferte die Ausführung »D« (Fahrgestell-Nr. 27 001–27 800) unter der Typenbezeichnung »8/LaS 138« aus. Die Fahrzeuge wurden vorwiegend als sog. »Schnellkampfwagen« den leichten Divisionen zugeführt. Die

»Panzer II Ausf. D« beim Verladen über Sonderanhänger 115 auf 6-Rad Büssing-NAG Lastkraftwagen. Diese Fahrzeuge gehörten zur Ausrüstung der »Schnellen Divisionen«.

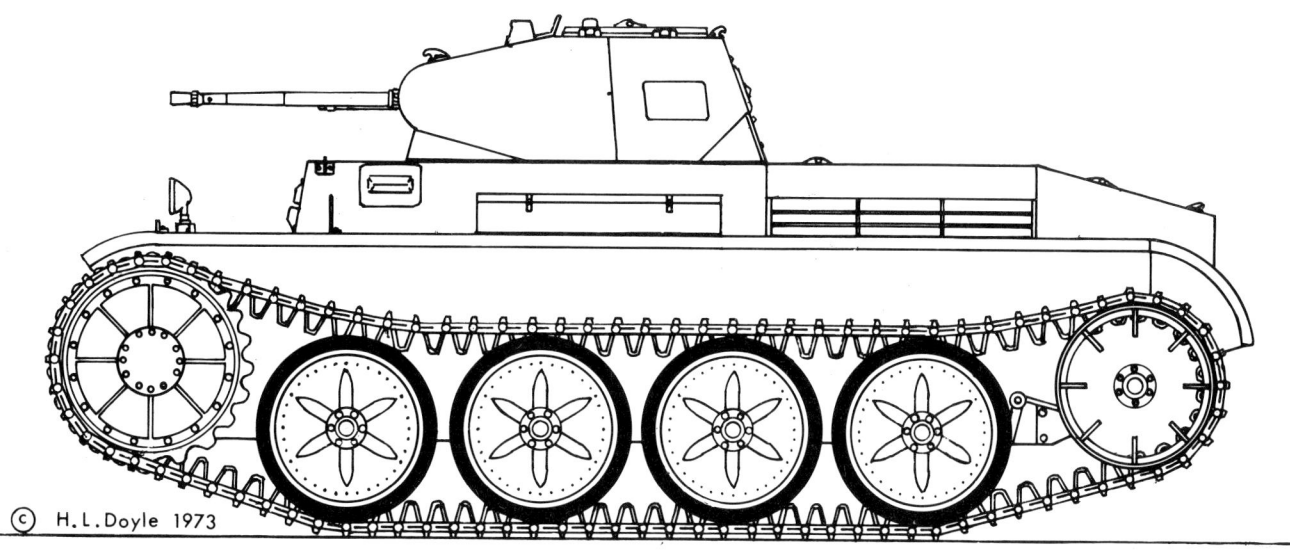

»Panzerkampfwagen II« (2 cm), Ausf. D und E (Sd. Kfz. 121).

unmittelbar darauffolgende Ausf. »E« (Fahrgestell Nr. 27 801—28 000) war fast baugleich, mit Ausnahme der Laufräder, welche nunmehr mit Verstärkungsrippen versehen waren.

Zweihundertfünfzig dieser Einheiten wurden produziert. Davon stellte die Maschinenfabrik Augsburg-Nürnberg 68 Stück her. Sie hatten ein Gesamtgewicht von 10 t und eine Höchstgeschwindigkeit von 55 km/h. Bewaffnungsmäßig kam ein unveränderter »Panzer II«-Drehturm zum Einbau.

Hauptzulieferer für Wannen, Panzerkastenoberteile und Türme für das »Panzer II«-Bauprogramm war wiederum die Deutsche Edelstahlwerke AG. in Hannover. Ihre Lieferungen zwischen 1936—1942 beliefen sie wie folgt:

	Wannen	Oberteile	Türme
1936	117	147	84
1937	215	309	194
1938	308	346	432
1939	—	85	2
1940	42	118	118
1941	132	92	92
1942	148	172	54

Es soll auch die Rolle des »Panzers II« im Rahmen des Unternehmens »Seelöwe« Erwähnung finden. Bekanntlich waren im September und Oktober 1940 in Putlos die Panzerabteilungen A und B aus Freiwilligen des Panzerregimentes 2 aufgestellt worden, die dort für die Invasion Englands ausgebildet wurden. Dafür wurden die den Abteilungen zugeteilten »Panzer II« mittels einer Sonderausrüstung in Schwimmpanzer umgebaut. WaPrüf 6 hatte von den Firmen Alkett, Berlin, Bachmann in Ribnitz und Gebr. Sachsenberg in Roslau Schwimmkörper verlangt, die dem »Panzer II« eine Wassergeschwindigkeit von 10 km/h und eine Seetüchtigkeit noch bei Seegang 3 bis 4 ermöglichten. 52 Satz dieser Schwimmkörper waren bestellt, die an den Stützrollen des Fahrzeuges befestigt wurden. Die Behälter waren durch Trennwände in drei Kammern abgeteilt und mit Zelluloidröhrchen gefüllt. Durch diese Behälter ging der Antrieb zu den beiden hintenliegenden Schiffsschrauben, die vom Leitrad aus mittels Aufsteckmuffe, Kardangelenk und Welle angetrieben wurden. Zwischen Turm und Wanne war ein Abdichtungsschlauch eingelegt. Im Wasser tauchte der Kampfwagen etwa bis zum Kettenabdeckblech ein. Die Waffen blieben auch beim Schwimmen voll einsatzbereit.

Auf Grund einer Besprechung bei Hitler am 7. 7. 1941 wurde es für zweckmäßig erachtet, daß alle Kampfwa-

Die Schwimmkörper wurden von der Firma Gebr. Sachsenberg in Roslau beigestellt. Auch die Firma Kässbohrer in Ulm beteiligte sich an diesem Projekt.

Einen weiteren Versuch, den »Panzer II« schwimmfähig zu machen, zeigt dieser Vorschlag der Gebr. Sachsenberg in Roslau.

◀ »Panzer II« beim Einsatz »Seelöwe«. Durch den Anbau seitlicher Schwimmkörper wurden die Fahrzeuge seegängig. Die Waffen blieben beim Einsatz schußbereit.

◀ Die ursprünglich für das Unternehmen »Seelöwe« schwimmfähig gemachten »Panzer II« wurden später in Rußland eingesetzt. Bild zeigt ein Fahrzeug mit der Aufsteckmuffe für den Antrieb sowie den Halterungen für die Befestigung der Schwimmkörper.

gen der künftigen Neuproduktion durch einen Vorpanzer – abgesetzt vom Hauptpanzer – zusätzlich zu verstärken seien, um die erhöhte Durchschlagskraft der neuen Hohlraumgranaten wieder aufzuheben. Die dabei zu erwartenden Gewichtszunahmen und der Verlust an Geschwindigkeit sollten nach Ansicht Hitlers in Kauf genommen werden. (GFM Keitel an OKH).
Bei den noch mit einer runden Bugplatte ausgerüsteten »Panzer II«-Fahrzeugen ergab sich die Anbringung von zusätzlichen 20-mm-Platten an der Fahrerfront. Die zusätzliche Bugplatte wurde zweiteilig ausgeführt, und zwar war die obere 14,5 mm, die untere 20 mm stark. Die Fahrzeuge erhielten dadurch ein der Ausf. »F« ähnliches Aussehen. Zusätzliche, gebogene 20-mm-Platten erschienen ebenfalls an der Turmblende.
Interessant ist in diesem Zusammenhang ein Auszug aus einer Sitzung des Panzerausschusses vom 17. 7. 1941. Eine neue Führeranweisung verlangte damals eine Verstärkung der Panzertruppe auf 36 Panzerdivisionen. Ein Vertreter des allgemeinen Heeresamtes stellte dazu fest, daß für die Aufstellungen dieser Divisionen u. a. 4608 »Panzer II« nötig würden. Dies ist insofern überraschend, daß man immer noch an der »Panzer II«-Fertigung festhielt, obwohl die Erfahrungen der vorherigen Feldzüge bereits klar erkennen ließen, daß diese Fahrzeuge nur noch in Ausnahmefällen zum Kampf gegen feindliche Panzer geeignet waren.
Das »Panzerprogramm 41«, welches in seiner Vorausplanung den Zeitraum bis 1949 erfaßte, forderte als 1. Ausstattung einschließlich des Bedarfs an jährlicher Auffrischung und Ersatzteilen für das Friedensheer u. a. 18 946 Panzerkampfwagen II. Mit Nachschub ergab sich sogar eine Forderung auf 21 860 Einheiten. Dabei war bereits in Erwägung gezogen, daß die gegenwärtigen »Panzer II«-Modelle durch das noch zu erwähnende »VK 903« abgelöst werden sollten.
Diese Planungen ermöglichen eine Weiterverfolgung der »Panzer II«-Entwicklung, und daraus ergaben sich noch bis 1942 die Ausführungen »G1«, »G2« und »G4« (Fahrgestell-Nr. 150 001–150 075) und »J« (Fahrgestell-Nr. 150 101–150 130). Es wurden nur noch Prototypen davon gebaut.
1941 forderte die AHA/AgK (Inspektion 6) einen Panzerkampfwagen der 10-t-Klasse mit »erhöhter Geschwindigkeit und verbesserter Panzerung«. Ein Entwicklungsfahrgestell dieses Panzerkampfwagens II (Ausführung »H« und »M«) wurde am 1. 9. 1941 von der Firma MAN Nürnberg ausgeliefert. Ausgerüstet mit einem Maybach »HL 66 P« 6-Zylinder Vergasermotor mit ca. 200 PS, sollte das 10,5 t schwere Fahrzeug eine Höchstgeschwindigkeit von 65 km/h erreichen. Als Panzerung waren vorne 30 mm, seitlich und am Heck 20 mm vorgesehen. Das Dach war mit 10-mm-, der Boden mit 5-mm-Platten geschützt. Die Spurweite betrug 2080 mm. Der Besatzung von 3 Mann standen eine 2-cm-KwK 38 und ein MG 34 im Drehturm zur Verfügung. Der voraussichtliche Produktionsbeginn war auf Mitte 1942 festgelegt, das Konzept jedoch zu diesem Zeitpunkt durch die Kriegsereignisse überholt.
Das monatliche Produktionssoll für »Panzer II«-Fahrzeuge war ab 1942 mit 45 Einheiten festgelegt. Arbeitermangel, vor allem bei der FAMO (die diese Fahrzeuge ab 1940 auch bei den Vereinigten Maschinenwerken Warschau produzierte), ergaben jedoch beträchtlich geringere Stückzahlen. 1942 stellte die Daimler-Benz AG noch 18 Stück, die MAN 40 Stück und die FAMO 382 »Panzer II«-Fahrgestelle her. Bis zur Einstellung des Baues Anfang 1944 wurden insgesamt noch 623 Fahrzeuge dieses Typs hergestellt.
Am 18. 6. 1938 hatte das Waffenamt den Firmen Maschinenfabrik Augsburg-Nürnberg AG. (Fahrgestell) und Daimler-Benz AG. (Aufbau und Turm) einen Auftrag für die Weiterentwicklung des Panzerkampfwagens II mit »Schwerpunkt hohe Geschwindigkeit« erteilt. Die Bezeichnung dieses Fahrzeuges lautete »Panzerkampfwagen II n. A. (VK 901)«. Das erste Fahrgestell war Ende 1939 fertiggestellt und mit dem 6-Zylinder »HL 45« 145 PS Motor der Fa. Maybach ausgerüstet. Bei einer Frontpanzerung von 30 mm und 14,5 mm seitlich ergab sich ein Gesamtgewicht von 9,2 t. Die Höchstgeschwindigkeit betrug 50 km/h. 60 km/h waren angestrebt, hierfür war jedoch ein 200-PS-Triebwerk erforderlich, welches später im »HL 66 P« zur Verfügung stand. Der Besatzung von 3 Mann standen eine 2-cm-KwK 38 und ein MG 34 in stabilisierter Aufhängung im Drehturm zur Verfügung.
Die Nullserie von 75 Stück lief im Oktober 1940 an und wurde ausgeliefert.
Eine verbesserte Ausführung dieses »Schnelläufers«,

Eine für hohe Geschwindigkeit ausgelegte Variante des Panzerkampfwagens II war das »VK 901« der Firma MAN. Es führte die Bezeichnung »Panzerkampfwagen II neue Ausführung«.

als »VK 903« bezeichnet, sollte mit dem »HL 66«-Motor von Maybach und dem Schaltgetriebe »SSG 48« ausgerüstet werden. Eine Höchstgeschwindigkeit von 60 km/h war angestrebt. Ein Lenk- und Schaltgetriebe verbesserter Ausführung des Panzers 38 (t) war für das »VK 903« vorgesehen.

Dreißig »VK 903«-Fahrzeuge sollten mit Auftrag vom 1. 6. 1942, welcher an die Firmen Daimler-Benz, Rheinmetall-Borsig und Skoda erging, in Panzerbeobachtungswagen für motorisierte Artillerie und Panzerregimenter umgebaut werden. Eines dieser als Standard-Ausrüstung vorgesehenen »VK 903« mit Kuppel 1303 b war bis September 1942 als Versuchsgerät fertiggestellt und außerdem mit einem E-Messer, Orter-, Beobachtungs- und Funkgerät ausgerüstet worden. Das Schwerpunktprogramm des Heeres (Panzerprogramm 41/Heeresflakprogramm) vom 30. 5. 1941 sah unter anderem die Verwendung des »Panzerkampfwagens II n. A. (VK 903)« in größerer Anzahl vor. Das Fahrwerk dieses Fahrzeuges war übrigens von der Dr. Ing. h. c. F. Porsche KG. (Porschetyp 168) entwickelt worden. Mit sämtlichen vorgesehenen Abarten und unter Berücksichtigung des Nachholbedarfes für das Ersatzheer und des Nachschubes ergab sich 1941 ein Gesamtbedarf von 21 860 Fahrgestellen dieses Typs. Das Programm sah folgende Abarten vor:
Panzerkampfwagen für Gefechtsaufklärung (3500 Stück), Panzerkampfwagen für Aufklärung (Panzer-

spähwagen (10 950 Stück), Leichter Panzerjäger (Pz Sfl 5 cm) für Pz. Jäg. Abt. der Panzerdivisionen (2738 Stück), Panzerkampfwagen zur Führung und Beobachtung bei Artillerie der Panzer- und motorisierten Divisionen (2003 Stück) s IG 33 (Pz Sfl) (481 Stück).
Wegen unzureichenden Leistungen wurde dieses Projekt nicht mehr weiterverfolgt.
Am 22. 12. 1939 erfolgte ein weiterer Entwicklungsauftrag an die Firmen MAN und Daimler-Benz über die Weiterentwicklung des Panzerkampfwagens II mit »Schwerpunkt stärkster Panzer«. Die Typenbezeichnung dieses Fahrzeuges wurde auf »Panzerkampfwagen II n. A. verstärkt (VK 1601)« festgelegt. Eine 0-Serie von 30 Stück wurde aufgelegt, mit voraussichtlichem Beginn der Auslieferung im Dezember 1940. Das erste Fahrgestell lief am 18. 6. 1940, der erste Turm war am 19. 6. 1940 fertiggestellt. Ein Auftrag über die Lieferung einer ersten Serie von 100 Stück wurde wieder zurückgezogen.
Auch diese Fahrzeuge waren mit dem Maybach-»HL 45«-Triebwerk ausgerüstet, welches dem bis 17 t schweren Fahrzeug eine Höchstgeschwindigkeit von 31 km/h erlaubte. Die Spurweite betrug 2350 mm, die Panzerstärke vorne 80 mm und seitlich 50 mm. Der Besatzung von drei Mann standen eine 2-cm-KwK 38 sowie ein MG 34 in stabilisierter Aufhängung im Drehturm zur Verfügung.
Auch von diesem Fahrzeug waren größere Stückzahlen im »Panzerprogramm 41« zur Produktion vorgesehen. Dabei ergab sich ein stark gepanzerter Panzerkampfwagen für Gefechtsaufklärung (339 Stück). Dieses Fahrzeug wurde später als VK 1602 (Leopard) weiterentwickelt. Ferner ein Panzerkampfwagen (Flammenwerfer, 259 Stück).
Eine Aktennotiz vom April 1941 besagt in diesem Zusammenhang folgendes: »...In einer Besprechung bei Daimler-Benz am 19. 4. 1941 über den Panzerkampfwagen II n. A. verst. (F) und Panzerkampfwagen Renault B 2 (f) als schwerer Flammenwerferwagen brachte Dir. Wunderlich zum Ausdruck, daß er den Wünschen des WaA auf plötzlich auftretende konstruktive Untersuchungen bisher stets hätte nachkommen können, daß es aber nicht mehr möglich sei, wenn solche Aufträge außer von WaPrüf 6 auch von anderen Seiten erteilt würden. Er führte aus, daß vor ungefähr 4 Wochen durch Dir. Hacker der Auftrag an Daimler-Benz erteilt wurde, die Unterbringung der 4,7-cm-Pak (t) im Turm des Panzerkampfwagens II zu untersuchen...«. Ein solcher Einbau fand nicht statt.
Die Erfahrungen mit den Fahrzeugen »VK 901/903« und »VK 1601« fanden ihren Niederschlag beim Entwurf für den »Panzerkampfwagen II n. A. (VK 1301)«. Der diesbezügliche Auftrag des Waffenamtes hatte eine im Aussehen und in den Außenmaßen dem »VK 901« gleichkommende Ausführung bestimmt. In Weichstahlausführung war ein Prototyp bis Ende April 1942 fertiggestellt worden. Das Gefechtsgewicht betrug 12,9 t. Nach geringfügigen Verbesserungen ging das Fahrzeug als »VK 1303« in Serienproduktion. Die dringende Notwendigkeit ergab sich hauptsächlich durch das Versagen der gepanzerten Radfahrzeuge für Aufklärungszwecke in Rußland. Man hatte schon frühzeitig erkannt, daß diese Fahrzeuge zwar in Westeuropa gut zu gebrauchen, in östlichen Ländern jedoch nur beschränkt verwendbar waren. Daher erging am 15. 9. 1939 ein Auftrag der AHA/AgK/In 6 an das Waffenamt, ein gepanzertes Aufklärungsfahrzeug zu schaffen, welches als Vollkettenfahrzeug ausgebildet, funkmäßig mit Mittelwellengerät und Funksprechgerät ausgerüstet sein sollte.
800 dieser Fahrzeuge waren damals ohne Einführungsantrag bestellt. Als Entwicklungsfirmen waren bestimmt: Maschinenfabrik Augsburg-Nürnberg für das Fahrgestell und Daimler-Benz für Aufbau und Turm.
Das Gewicht des Produktionsfahrzeuges betrug 11,8 t. Für die Wanne des Fahrzeuges kamen Panzerstahlplatten zur Verwendung, der geschweißte Aufbau folgte den üblichen Bauvorschriften. Die abgestufte Vorderfront des Wagens war durch 30- bzw. 20-mm-Bleche geschützt. Seitlich betrug die Panzerung 20 mm. Die selbe Blechstärke kam bei der Heckplatte zur Verwendung. Die Stärke des Wannenbodens betrug 10 mm. Der vordere Teil des Aufbaus war mittels Winkelverbindungen mit der Wanne verschraubt. Eine Abdichtung zwischen Wanne und Aufbau verhinderte Staub- und Wassereintritt. Der Aufbau selbst war oben durch 12-mm-Platten abgeschlossen. Der rückwärtige Teil des Aufbaus, der die Motorklappen und Lufteinlaßöffnungen aufnahm, war ebenfalls angeschraubt

Der »Panzerkampfwagen II neue Ausführung, verstärkt« (VK 1601) der Firma MAN legte den Schwerpunkt auf stärkste Panzerung. Ein Fahrzeug, welches zur Gefechtsaufklärung vorgesehen war.

und konnte bei größeren Reparaturen ganz abgenommen werden. Ein verhältnismäßig großer Turm mit 360°-Seitenrichtfeld war zentral im vorderen Teil des Aufbaus untergebracht. Eine Kommandantenkuppel war nicht vorhanden. Der Turm selbst war vorne durch 30-mm-, seitlich und hinten durch 20-mm-Platten geschützt. Eine rechteckige Einstigluke war rückwärts am Turm vorgesehen. Das Turmdach, welches etwas nach vorne abfiel, war 12 mm stark. Darin befanden sich im rückwärtigen Teil ein runder Ausstiegsdeckel sowie eine kleinere Öffnung für Signalverbindungen. Die Hauptbewaffnung bestand aus einer 2-cm-KwK 38 mit einem koaxialen MG 34. Die Einstellung der Waffen erfolgte durch Handräder. Höhenrichtfeld ging von −9° bis +18°. 33 Magazine mit insgesamt 330 Schuß Munition sowie 2250 Schuß MG-Munition wurden im Fahrzeug mitgeführt. Die Feuerhöhe betrug 1690 mm, als Visiereinrichtung stand ein Turmzielfernrohr 6 zur Verfügung. Die Besatzung bestand aus vier Mann.

Der im Heck untergebrachte Motor vom Typ Maybach »HL 66 P« hatte eine Leistung von 180 PS bei 3200 U/min. Dieser wassergekühlte 6-Zylinder-Motor hatte einen Hubraum von 6754 ccm. Ein Drehzahlbegrenzer verhinderte ein Überdrehen des Triebwerkes. Ein Kühlwasser-Austauscher erlaubte die Aufnahme von vorgewärmter Kühlflüssigkeit von anderen Fahrzeugen während tiefer Außentemperaturen. Die Motorleistung wurde über eine trockene Zweischeibenkupplung auf das ZF Aphon »SSG 48« Getriebe übertragen. Ein Untersetzungsgetriebe war zwischen Kupplung und Getriebe zwischengeschaltet. Sechs Vorwärts- und ein Rückwärtsgang waren vorhanden. Der An-

Das Fahrzeug »VK 1301« war der Vorläufer eines Vollketten-Aufklärungsfahrzeuges. Nur eine Weichstahlausführung dieses Fahrzeuges wurde gebaut.

trieb vom Getriebe erfolgte auf eine Kupplungslenkung, die auf die vorne liegenden Vorgelege wirkte. Außenbandbremsen wurden verwendet.

Einfache, querliegende Drehstäbe federten die einzelnen Laufrollen, vor denen je fünf geschachtelt an jeder Laufwerkseite angebracht waren. Die Laufrollen waren vollgummibereift. Stützrollen waren nicht vorhanden. Die erste und letzte Laufrolle wurde durch je einen Stoßdämpfer unterstützt. Die doppelt geführten ungeschmierten Gleisketten hatten eine Breite von 360 mm.

An Funkgeräten standen ein 80-Watt-Sender, ein Mittelwellen-Empfänger, ein Funksprechgerät »a« sowie eine Bordsprechanlage zur Verfügung.

Die Bezeichnung dieser Fahrzeuge lautete »Panzerkampfwagen II Ausf. L (Sd. Kfz. 123)«. Die ausschließliche Verwendung bei Aufklärungseinheiten änderte die offizielle Bezeichnung in »Panzerspähwagen II (2 cm) (Sd. Kfz. 123), Luchs«. Fahrgestell-Nummern liefen ab 200 100. Nachdem einhundert Fahrzeuge mit der 2-cm-KwK gebaut waren, war vorgesehen, ab Fahrzeug 200 201 (April 1943) eine Umbewaffnung auf die 5-cm-KwK L/60 vorzunehmen (Luchs 5 cm). Von diesen, mit einem oben offenen Turm ausgestatteten Fahrzeugen wurden noch 31 Stück gebaut. Insgesamt stellte die MAN 113 und die Firma Henschel 18 dieser Fahrzeuge her. Die Produktion wurde am 12. 5. 1943 eingestellt.

Die unzureichende Panzerung und Bewaffnung des Aufklärungsfahrzeuges »Luchs« veranlaßte das Waffenamt zur Vergabe von neuen Baubedingungen für einen stark gepanzerten Kampfwagen zur Gefechtsaufklärung. Unter Rückgriff auf das bereits erwähnte »VK 1601« erhielt die Firma MIAG in Braunschweig 1941 den Auftrag, den »Gefechtsaufklärer VK 1602« zu entwickeln. MIAG war für das Fahrgestell verantwortlich, während Daimler-Benz für Turm und Aufbau Entwürfe vorlegte. Das Projekt lief unter der Bezeichnung »Leopard«. Es ist beachtenswert, daß das Gefechtsgewicht dieses Fahrzeuges auf etwa 26 t festgelegt war. 50- bis 80-mm-Panzerungen waren für den Turm, 20- bis 60-mm-Bleche für Wanne und Aufbau vorgesehen. Ein Maybach »HL 157« 12-Zylinder Vergasermotor mit 550 PS Leistung war als Antrieb vorgesehen und sollte dem Fahrzeug eine Höchstgeschwindigkeit von 60 km/h verleihen. Die Außenmaße des Fahrzeuges betrugen 6450 x 3270 x 2800 mm. Die Breite der ungeschmierten Ketten betrug 650 mm. Bei einer Kettenauflagelänge von 3475 mm konnte der Bodendruck auf 0.49 kp/cm² abgesenkt werden.

Die Zeichnungen für die Panzerteile des Fahrgestelles waren am 30. 6. 1942, die für die Hauptgruppen des Fahrgestelles am 1. 9. 1942 abgeschlossen. Die Fahrgestell-Zusammenbauzeichnungen sollten am 1. 11. 1942 fertig sein. Zu dieser Zeit war das Projekt jedoch bereits überholt. Es wurde nicht einmal ein Prototyp gebaut.

Der Turm des Fahrzeuges jedoch, dessen hölzerner

»Panzerkampfwagen II Ausf. L« (Sd. Kfz. 123).

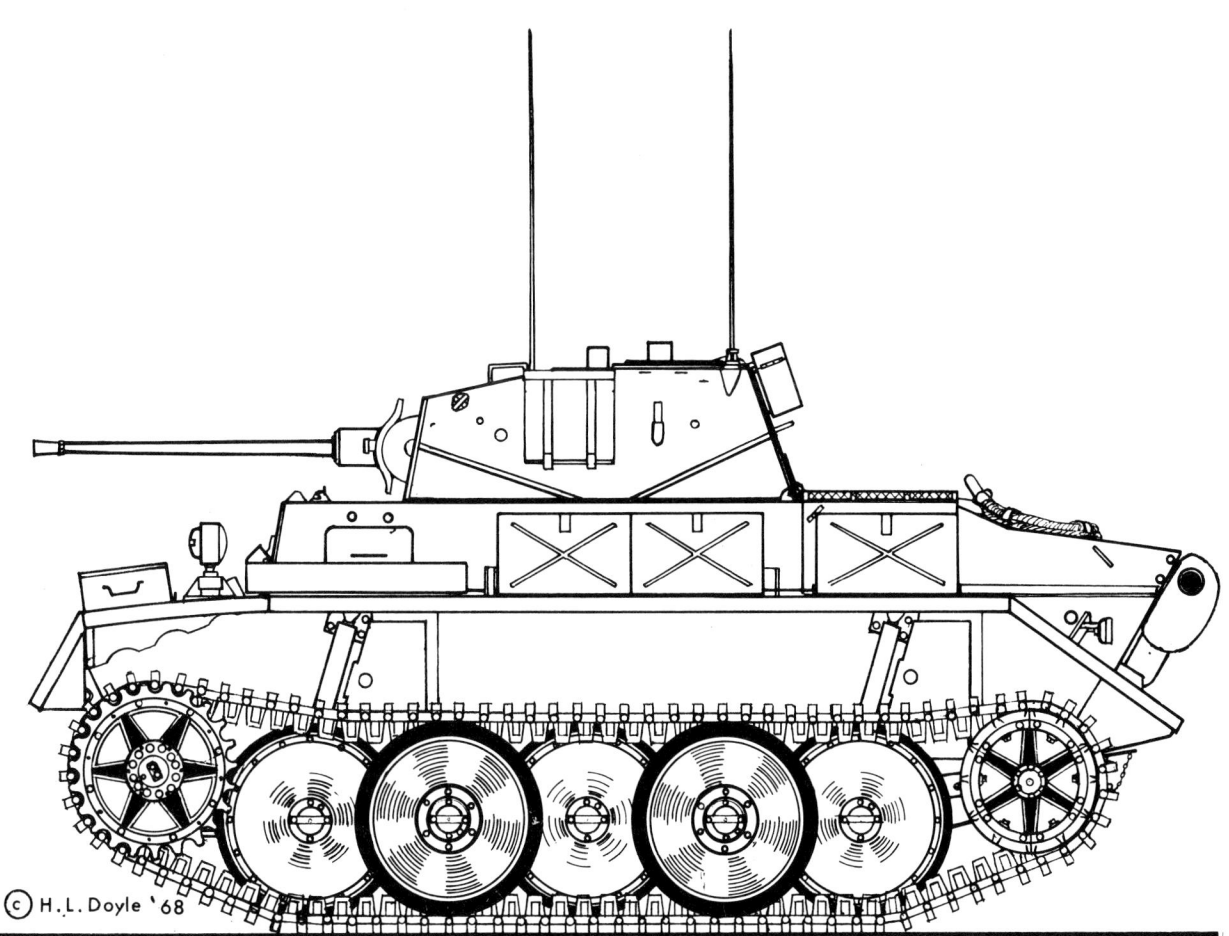

Der »Panzerkampfwagen II Ausf. L« (Sd. Kfz. 123) mit der Suggestivbezeichnung »Luchs«.

Diese Fahrzeuge wurden bei einigen Aufklärungseinheiten, vor allem in Rußland, verwendet.

Einzelheiten des Antriebsrades und des Schachtellaufwerkes des Fahrzeuges »Luchs«.

Die Innenansicht des Drehturmes des Fahrzeuges »Luchs« zeigt die zentrale Anordnung der 2-cm-Hauptbewaffnung.

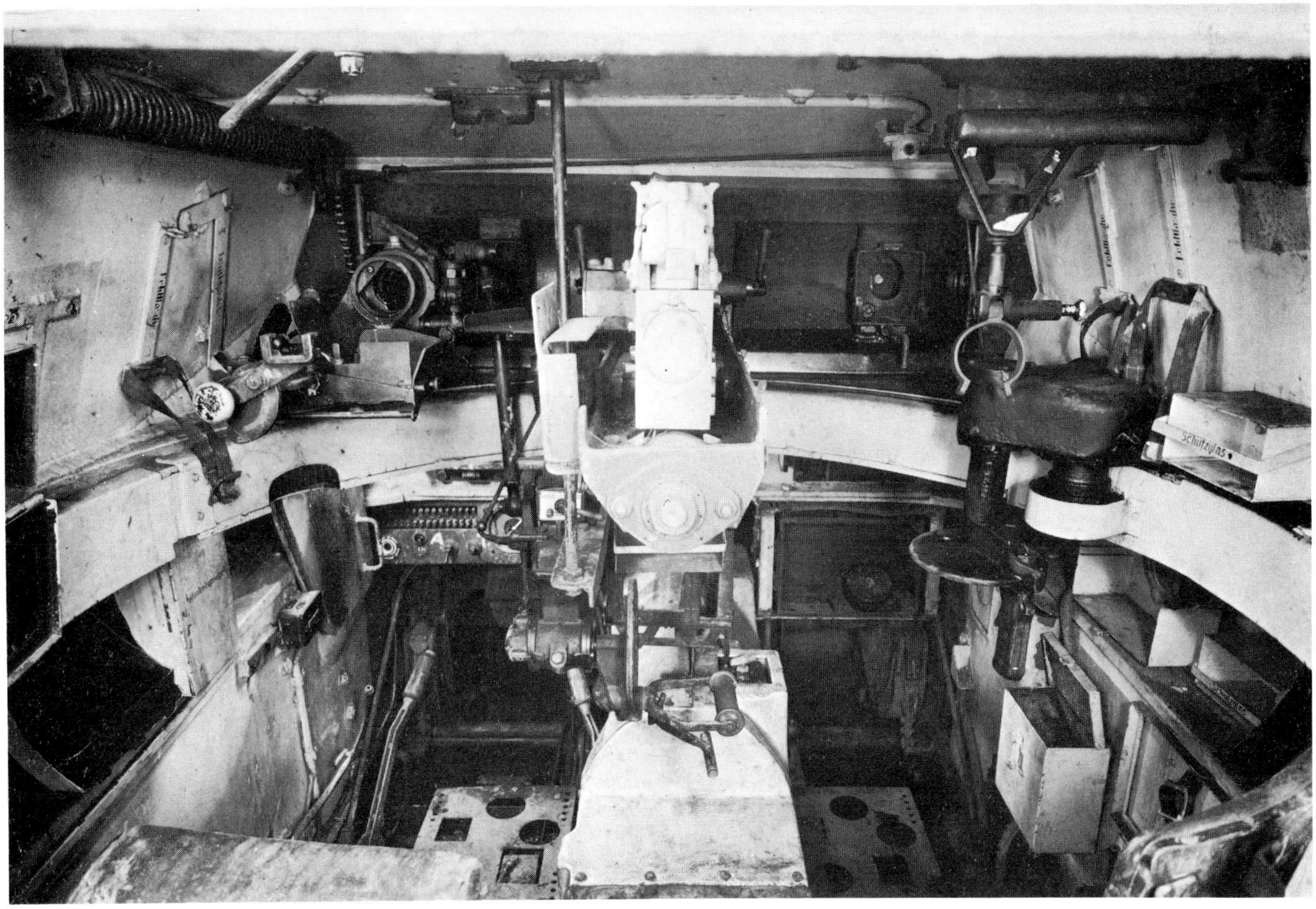

Die letzten Fahrzeuge der »Luchs«-Baureihe wurden noch mit der 5-cm-KwK L/60 ausgerüstet. Aus Gewichtsgründen war der Drehturm oben offen.

Prototyp Ende Mai 1942 fertig war, ging später in leicht veränderter Form in Produktion. Er wurde für das 8-Rad-Fahrzeug »ARK« der Fa. Büssing-NAG (Sd. Kfz. 234/2) verwendet. Die geschweißte Konstruktion verwendete 60-mm-Bleche vorne und 40-mm-Panzerung für die restlichen Seiten des Turmes. Das Turmdach war durch 30-mm-Platten geschützt. Rückwärts war der Turm ausladend angelegt, um die Unterbringung von Funkgeräten zu ermöglichen. Die 5-cm-Kwk 39/1 L/60 der Fa. Rheinmetall war in einer »Saukopf-Blende« untergebracht. Daneben war noch im Turm ein MG 42 vorhanden. Höhenrichtfeld ging von −10° bis +20°. Zwei Besatzungsmitglieder, der Kommandant/Ladeschütze sowie der Richtschütze waren im Turm untergebracht. Der Fahrer und Funker saßen in der Wanne. Die Bedienung der Bewaffnung erfolgte mittels Handrad. Der Turmbesatzung standen zwei Ausstiegsöffnungen im Turmdach zur Verfügung. Ein »Turmzielfernrohr 9« war eingebaut.

Aus dem »VK 1601« ergaben sich im März 1942 nach wie vor die Anlagen für einen Gefechts-Aufklärer (kleine Bauart) mit starker Panzerung und hoher Geschwindigkeit. Eine 5-cm-KwK L/60 mit mindestens 60 Schuß war vorgesehen. Als Panzerstärken waren vorne 80 mm, seitlich und hinten 50 mm bestimmt. Die Bodenfreiheit sollte möglichst 50 cm betragen. Für die Besatzung von vier Mann war eine besonders gute Sicht- und Beobachtungsmöglichkeit verlangt. Funkgerätausrüstung wie beim Panzerspähwagen. Geschwindigkeit bis zu 60 km/h. Diese Entwicklung wurde von den Firmen Porsche und Skoda betrieben, das Projekt jedoch wie auch das des Gefechts-Aufklärers »VK

1602« der Firma MIAG in Braunschweig aufgegeben. Speer berichtete im Oktober 1942, daß die Truppe hinsichtlich des »Leoparden« ein leichter gepanzertes und dafür schnelleres Fahrzeug bevorzuge. Die »kleine Bauart« des Fahrzeuges würde daher vorgezogen. Hitler bemerkte, daß die Panzerung eines Aufklärungsfahrzeuges nach verschiedenen Gesichtspunkten beurteilt werden müsse. Da aber der »Leopard« in seiner schweren Ausführung in seinen Fahreigenschaften zu nahe an den »Panther« herankomme, wurde die Zweckmäßigkeit der Produktion beider Fahrzeuge bezweifelt. Außerdem sei die 5-cm-Bewaffnung für ein derartiges Fahrzeug unzureichend. Hitler erklärte sich daraufhin einverstanden, den »Leoparden« nur in seiner leichten Ausführung (VK 1601) in Fertigung zu geben, unter der Auflage, daß für einige Panzerverbände der »Panther« als Aufklärungsfahrzeug Verwendung finden sollte. Im Januar 1943 wurde das Fahrzeug »Leopard« aus der Produktion gestrichen, bevor es in diese Phase eingetreten war. Es entsprach weder in der Panzerung noch in der Bewaffnung (auch als Aufklärungsfahrzeug) den Bedingungen, die im Jahre 1944 erwartet wurden.

Die Idee, ein gut gepanzertes, schnelles Gefechtsaufklärungsfahrzeug zu schaffen, wurde jedoch weiterverfolgt. Dabei handelte es sich um das Projekt »VK 2801«, für das die Daimler-Benz AG in Berlin-Marienfelde verantwortlich zeichnete. Es handelte sich dabei um einen sogenannten Mehrzweckpanzer, der als leichtes, schnelles Fahrzeug eine Heckantriebsanlage mit einem 525 PS starken, luftgekühlten Dieselmotor erhalten sollte. Das Fahrzeug war für verschiedene Aufbauten vorgesehen. Solange der noch zu entwickelnde Motor nicht zur Verfügung stand, war der »DB 819« Diesel mit 450 PS zum Einbau vorgesehen. Prof. Nallinger schlug jedoch sofort den Einbau des größeren »MB 507«-Motors vor, da der aufgeladene 17 l »MB 819« als Panzermotor höchstens mit einer Dauerleistung von 400 PS eingesetzt werden konnte. Da erfahrungsgemäß die Fahrzeuge immer schwerer würden sowie die Lüfterleistungen wie die Leistungen aller Nebenaggregate gewöhnlich nicht eingerechnet würden, war er der Ansicht, daß als Endleistung ungefähr 600 PS zur Verfügung stehen sollten.

Das Waffenamt bestand jedoch darauf, daß aus dem 12-Zylinder »MB 507« ein 8-Zylinder-Triebwerk zu entwickeln sei, welches besser den beengten Raumverhältnissen gerecht werden konnte. Die Tatsache, daß dadurch ein neues Kurbelgehäuse und eine neue Kurbelwelle geschaffen werden mußten, macht die zögernde Haltung der Daimler-Benz verständlich. Eine Aufladung wurde in Erwägung gezogen.

Im Oktober 1943 wurde festgestellt, daß in der Zwischenzeit das Gesamtgewicht dieses Fahrzeuges auf etwa 33 t angestiegen war. Auf Wunsch des für das neue Projekt zuständigen Sachbearbeiters beim Generalinspekteur der Panzertruppen wurde für den neuen Entwurf zunächst der 700pferdige Maybach Vergasermotor »HL 230« zugrunde gelegt, da der Daimler-Benz »MB 507« um etwa 350 mm länger baute und damit eine weitere Erhöhung des ursprünglich auf 28 t bemessenen Gesamtgewichtes des Fahrzeuges mit sich bringen würde. Als weiterer Gesichtspunkt für die Bevorzugung des »HL 230« käme in Betracht, daß bei dem Maybach-Motor die Umstellung von Leichtmetall auf Gußeisen bereits durchgeführt und auch der Ersatz der Wälzlager durch Gleitlager in die Wege geleitet sei.

Am 8. 11. 1943 wurde daraufhin berichtet, daß unter Umständen damit zu rechnen sei, daß die Arbeiten an dem Mehrzweckpanzer eingestellt würden. Zur Zeit fänden bei den maßgeblichen Behörden Beratungen über das künftige Panzerprogramm statt, die mit dem Erlaß des Reichsministers für Rüstung und Kriegsproduktion vom 9. 10. 1943 über die Konzentration der Entwicklung auf dem Gebiete der Rüstung und Kriegsproduktion in Zusammenhang stünden.

Vom OKH war zu erfahren, daß neuerdings die Entwicklung eines schnellen, leichten Fahrzeuges mit starker Bewaffnung geplant wurde, welches im Interesse eines kurzfristigen Serienanlaufes hauptsächlich aus den Aggregaten des von Daimler-Benz entwickelten Panzerkampfwagens III aufgebaut sein sollte. Daimler-Benz hatte in dieser Richtung bereits Voruntersuchungen über ein solches Fahrzeug angestellt, die mit dem OKH besprochen wurden.

Diese Besprechungen ergaben am 22. 11. 1943 die Entscheidung, daß das Projekt mit Rücksicht auf das verhältnismäßig hochliegende Gesamtgewicht zugunsten einer anderen Lösung zurückgestellt werden sollte.

Der »Gefechtsaufklärer VK 1602« der Firma MIAG, dessen nicht abgeschlossene Entwicklung unter der Arbeitsbezeichnung »Leopard« lief.

Dieser neue Entwurf sollte auf der Grundlage des Panzerkampfwagens II aufgebaut werden, als zuständige Entwicklungsfirma wurde die Fa. FAMO eingeschaltet.

Daimler-Benz sollte die Arbeiten am Mehrzweckpanzer – dessen Weiterentwicklung zunächst sichergestellt war – wieder aufnehmen. Es wurden zunächst die Einzelaggregate für den Mehrzweckpanzer in Zusammenhang mit dem Vergasermotor »HL 230« festgelegt, anschließend dann die gleichen Untersuchungen unter Berücksichtigung des Dieselmotors »MB 507« vorgenommen.

Am 8. 5. 1944 besagt eine Mitteilung, daß die Entwicklung des Mehrzweckpanzers (VK 2801) in der Zwischenzeit vom Heereswaffenamt vorläufig zurückgestellt sei. Das Projekt war damit endgültig begraben.

Ferner bekannt wurde im Rahmen der »Panzer II«-Baureihe noch ein sogenanntes »Panzergerät 13«, von dem jedoch alle weiteren Unterlagen fehlen.

Bevor auf die Abarten des »Panzer II« näher eingegangen wird, soll noch kurz erwähnt werden, daß die »Panzer II«, wie bereits die »Panzer I«, bei den schnellen Divisionen zum Transport auf Straßen auf Lastkraftwagen und Tiefladeanhänger verlastet wurden. Dabei fanden hauptsächlich die Büssing-NAG Lkw-Typen »654« sowie »900« wie auch die Faun-Type »L 900/D 567« Verwendung. Als Anhänger kam der Tiefladeanhänger für Panzerkampfwagen (Sd. Anh. 115) in Frage, der in zwei Ausführungen für entweder 8 oder 10 t Nutzlast ausgelegt war.

Zum Einsatz bei Sonder-Panzerformationen wurde am 21. 1. 1939 von WaPrüf 6 eine 0-Serie von Flammenwerferpanzern in Auftrag gegeben. Der Entwicklungsauftrag erging an die Fa. MAN in Nürnberg für das Fahrgestell und an die Fa. Wegmann & Co. in Kassel für Aufbau und Turm. Unter Verwendung der unveränderten Wannen des Typs »8/LaS 138« wurde der Aufbau nach Entfernen des Kanonenturms mit einem kleineren MG-Drehturm bestückt. Auf den beiden Kotflügeln vor der Fahrerfront kamen je ein kleiner Turm zum Einbau, welche mit je einem Flammenwerfer ausgerüstet waren. Deren Schwenkbereich betrug 180°. Der in gepanzerten Behältern an den Außenseiten mitgeführte Flammölvorrat reichte für ca. 80 Flammstöße von je 2 — 3 Sekunden Dauer. Die Reichweite betrug ca. 35 m. Zwei Mann Besatzung waren vorgesehen. Ein Gesamtgewicht von 11 t wurde erreicht. Es wurde eine Ausführung »A« und »B« gebaut. Die Produktion dieser »Panzerkampfwagen II (F) (Sd. Kfz. 122)« erfolgte ab Januar 1940. Die Versuchsserie von 87 Stück plus 3 Stück Reservefahrzeugen sollte bis Oktober 1940 auslaufen. Am 19. 6. 1940 waren 16 Stück vorhanden, die letzten 9 Stück wurden im Januar 1942 ausgeliefert.

Der Einsatzwert dieser Fahrzeuge ließ zu wünschen übrig, und man kam auf sie zurück, als am 20. 12. 1941 ein Auftrag des Waffenamtes zur Schaffung eines Panzerjägers (Sfl) erging. Die Fahrgestelle des »LaS 138« sollten erbeutete russische 7,62-cm-Pak und leFK beweglich machen. Diese Kriegslösung wurde ohne Einführungsantrag bei der Fa. Alkett in Auftrag gegeben. Die 7,62-cm-Pak 36 (r) hatte eine Rohrlänge von 2179 mm (L/54,8) und eine Schußweite von 7,6 km. Die größte V° betrug 920 m/sek. Der Aufzug des Fahrzeuges, dessen oben offener Aufbau durch 14,5-mm-Bleche geschützt war, war mit 2600 mm verhältnismäßig hoch. Die Feuerhöhe betrug 2,2 m. An Seitenrichtfeld waren insgesamt 50° vorhanden. Die Höheneinstellung ging von $-5°$ bis $+16°$. 30 Schuß Munition und 4 Mann Besatzung vervollständigten die Ausrüstung dieser 11,5 t schweren Fahrzeuge.

Bis zum 12. 5. 1942 waren 150 Stück dieser »Pz. Sfl I für 7,62-cm-Pak 36 (r) (Sd. Kfz. 132)« ausgestoßen, die auch noch die Suggestivbezeichnung »Marder II« führten. Ein Anschlußauftrag über weitere 60 Satz Panzeraufbauten war erteilt. Der weitere Ausstoß hing jedoch von der Anlieferung reparierter Fahrgestelle des Panzerkampfwagens II (F) ab. Bei einer Reihe dieser Fahrzeuge kam auch die russische 7,62-cm-Feldkanone 296 ohne Mündungsbremse zum Einbau. Es war auch möglich, die deutsche 7,5-cm-Pak 40/2 darauf unterzubringen.

Am 13. 5. 1942 nahm Hitler zur Kenntnis, daß der Ausstoß an Panzern II zu diesem Zeitpunkt im Durchschnitt etwa 50 Fahrzeuge monatlich betrage. Speer zweifelte, ob die Fahrzeuge überhaupt noch einen Gefechtswert für die Truppe hätten. Ein Vorschlag, diese Fahrgestelle als Selbstfahrlafette für die 7,5-cm-Pak 40 zu verwenden, wurde vorgetragen. Darauf vergab der Reichsminister für Bewaffnung und Munition am 18. 5. 1942 unter Bestell-Nr. 6772/42 g an das Waffenamt den Auftrag, einen weiteren Panzerjäger auf Selbstfahrlafette zu schaffen. Diese von Hitler geforderte Entwicklung beschäftigte als Entwicklungsfirmen die Rheinmetall-Borsig für das Geschütz, die Alkett für den Aufbau und die MAN für das Fahrgestell. Unter Verwendung von »LaS 100«-Fahrgestellen aller Ausführungen wurde zunächst bei einigen Fahrzeugen der Einbau der 5-cm-Pak 38 untersucht. Beim Serienfahrzeug wurde jedoch die 7,5-cm-Pak 40, abgeändert als Pak 40/2, mit dem Fahrgestell des »Panzer II« als »Sfl II für 7,5-cm-Pak 40/2« (Sd. Kfz. 131) verwendet. Das Geschütz mit Oberlafette war unter Verwendung einer neu angefertigten Unterlafette (Platte mit Zahnkranz) auf die Decke des Panzerkasten-Oberteils aufgesetzt und fest verschraubt.

Die Geschützbedienung (Richt- und Ladeschütze) war von vorne und den Seiten durch einen festen Panzeraufbau und durch einen schwenkbaren Geschützschild gesichert. Der Kampfraum war oben und hinten offen.

Das »Panzergerät 13«, von dem alle weiteren Unterlagen fehlen. *)

Der »Panzerkampfwagen II (F) (Sd. Kfz 122)«, dessen Umbauten durch die Firma Wegmann erstellt wurden. Diese Draufsicht zeigt die auf den vorderen Kotflügeln angebrachten Flammenwerfertürme.

*) Während der Drucklegung haben weitere Untersuchungen ergeben, daß es sich bei dem im Bild gezeigten Fahrzeug um das VK. 601 der Fa. Krauss-Maffei handelt (äußere Scheibenräder abgenommen).

Die »Panzerselbstfahrlafette I für 7,62-cm-Pak 36 (r) (Sd. Kfz. 132)« führte auch die Suggestivbezeichnung »Marder II«.

Die Aufbaupanzerung war SmK-sicher.
Während der Fahrt war das Geschütz zur Schonung des Zahnkranzes mit der Zurrung der Rohrwiege hinten und am Geschützrohr vorne in der Rohrstütze festgelegt.
Die Geschützmunition war auf dem Heck des Fahrzeuges in einem dreiteiligen, gepanzerten Munitionskasten untergebracht. Im linken Teil waren 24, im mittleren 7 und im rechten 6 Granatpatronen gelagert.
Der Richtbereich bewegte sich seitlich etwa +32° bis −25° und in der Höhe von +10° bis −8°. Die Feuerhöhe betrug 1940 mm. Außerdem standen ein MG 34 und eine MP 38 der dreiköpfigen Besatzung zur Verfügung. Zur Funkausrüstung gehörten ein Funksprechgerät »d« und eine Bordsprechanlage. Zum Schutz gegen Staub und Regen konnte der Kampfraum durch ein Verdeck abgedeckt werden. Die Besatzung bestand aus dem Richtschützen (zugleich Geschützführer), dem Ladeschützen und dem Fahrer, der auch das Funkgerät bediente.
Das Gesamtgewicht des Fahrzeuges betrug 10,8 t. Am 15. 6. 1942 erfolgte die Auslieferung des ersten Fahrzeuges, dem weitere 1216 Stück folgten. Auch diese Fahrzeuge führten die Suggestivbezeichnung »Marder

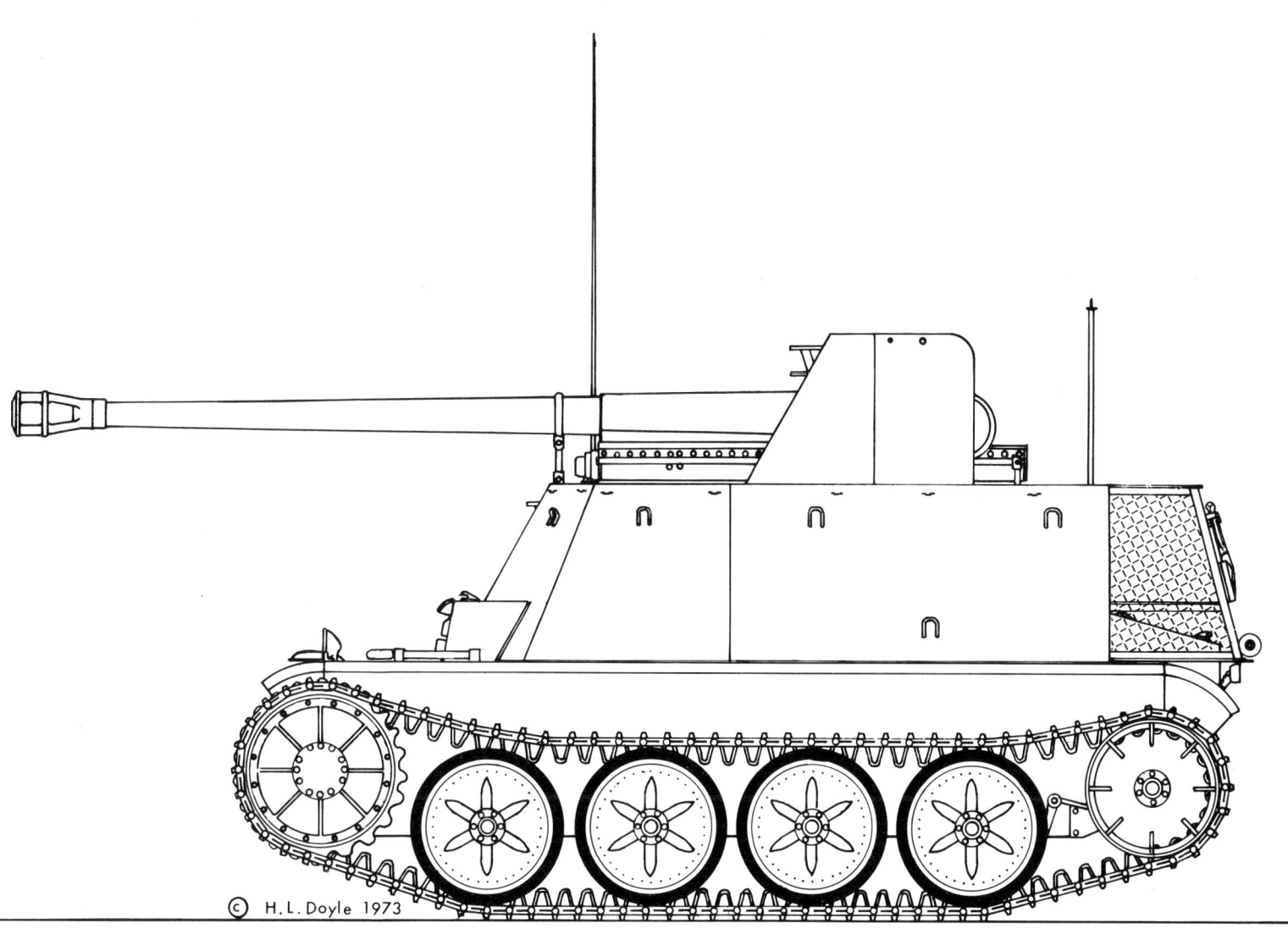

Pz Sfl I für 7,62-cm-Pak 36 (r) (Sd. Kfz. 132).

II«. Trotz des oben offenen Kampfraumes bildeten diese Fahrzeuge eine wertvolle Hilfe bei der Panzerabwehr in Rußland.

Anfang Juni 1942 wurde Feldmarschall Keitel beauftrag, festzustellen, ob die Gesamtproduktion des »Panzers II« auf Selbstfahrlafette umgestellt werden sollte. Hitler jedoch gab nur die Hälfte des Ausstoßes für diese Verwendung frei.

Gegen Ende Juni 1942 wurden 75 Prozent der Panzer-II-Produktion für Selbstfahrlafettenverwendung freigegeben. Falls das Heer noch mehr dieser Fahrzeuge benötige, sollte laut Hitler die gesamte Produktion umgestellt werden.

Um die Sturmgeschützfertigung zu steigern, untersuchte man im September 1942 den Wegfall bzw. eine Reduzierung der Produktion der Panzer-II-Selbstfahrlafetten. Hitler bestand darauf, daß diese Fahrzeuge bei der Truppe nicht so beliebt seien wie die Sturmgeschütze. Die Fahrzeuge erwiesen sich als zu schwach. Im November 1942 liefen Versuche, diese Behelfslösungen zu verstärken, was vor allem wegen der beschränkten Motorleistung zu keinem Erfolg führte.

Von den bereits erwähnten Panzerkampfwagen II n. A. (VK 901), von denen im Januar 1942 noch 6 Stück hergestellt wurden, waren zwei Fahrgestelle gemäß Auftrag des Waffenamtes vom 5. 7. 1940 (Az. 73a/p AgK/In

Der oben offene Aufbau war typisch für diese Fahrzeuge. Sie bildeten jedoch mehrere Jahre, zusammen mit anderen Ausführungen, das Rückgrat der Panzerabwehr des deutschen Heeres.

Die Besatzung beim Aufsitzen anläßlich der gefechtsmäßigen Ausbildung am Fahrzeug. Der hohe Aufzug dieser Fahrzeuge beeinträchtigte ihren Kampfwert.

6 (VIIIa) Nr. 1684/40 g) in leichte Panzerjäger umgebaut worden. Die beiden Versuchsgeräte, welche im Januar 1942 an die Front gelangten, hatten die Bezeichnung »5-cm-Geschütz auf Panzerkampfwagen II Sonderfahrgestell 901« (Pz. Sfl. 1c). Verantwortlich für Geschütz und Aufbau war die Fa. Rheinmetall in Düsseldorf, während die Umbauten am Fahrgestell bei der Fa. MAN in Nürnberg durchgeführt wurden. Bei einem Gesamtgewicht von 10,5 t, einer Frontpanzerung von 30 mm, einer Seitenpanzerung von 20 mm, ergab sich bei 4 Mann Besatzung ein Fahrzeug, welches im Feuerkampf dem russischen T 34 hoffnungslos unterlegen war. Die Versuche wurden nicht fortgeführt.

Im Juli 1942 wurde verlangt, die Unterbringung der 8,8-cm-Pak 41 auf dem Panzer-II-Fahrgestell zu untersuchen. Sollte dieser Aufbau nicht möglich sein, sollte wenigstens die im »Panther« eingebaute 7,5-cm-L/71-Kanone untergebracht werden. Unter allen Umständen war für diese Fahrzeuge der neue Motor zu verwenden. Diese Projekte ließen sich nicht verwirklichen.

Das dringende Verlangen, den Panzerverbänden die notwendige Artillerieunterstützung zu geben, führte zur Einführung sogenannter »Geschützwagen«. Zwecks Zeiterspanis wurden möglichst viele in Fertigung befindliche Baugruppen übernommen. Während die Endlösung für die Panzerartillerie Spezialentwicklungen vorsah, sollten die Zwischenlösungen möglichst bald geschaffen werden. Für die leichte 10,5-cm-Feldhaubitze wurde das Fahrgestell des »Panzers II« als Träger bestimmt und die Gesamtproduktion dieses Fahrzeuges dieser Verwendung zugeführt. Die Originalpanzerung der Fahrgestelle wurde beibehalten, die der Aufbauten SmK-sicher festgelegt. Die Herstellung der Verbindungsteile zwischen Geschütz und Fahrzeug sollte einfach und schnell erfolgen. Die maschinelle Bearbeitung und Verwendung von Passungen war auf das Allernotwendigste zu beschränken.

Die Fa. Alkett in Borsigwalde hatte den Auftrag bekommen, in sehr kurzer Zeit unter Übernahme vorhandener Geschütz- und Fahrzeugelemente für die leichte Haubitze eine Behelfslösung zu schaffen. Unter diesen technischen Bedingungen war es nicht möglich, den Behelfslösungen Rundumfeuer und Absetzbarkeit zu geben. Ferner war das für Artillerie-Selbstfahrlafetten geforderte hohe Leistungsgewicht nicht zu erreichen, da vorhandene Triebwerke verwendet werden mußten. In Zusammenarbeit mit der MAN gelang es in kurzer Zeit, das Triebwerk unmittelbar hinter dem Fahrer anzubringen, um so den rückwärtigen Teil des Fahrzeuges für den Geschützeinbau zu gewinnen. Zusätzlich konnten 32 Schuß Munition befördert werden.

Die nachrichtentechnische Ausstattung der Zwischenlösungen war bereits so gestaltet, daß organisatorische Führungserfahrungen für die Endlösungen verwendet werden konnten. Auch der gepanzerte Artillerie-Beobachtungswagen (Zwischenlösung Panzer III) besaß ebenfalls die nachrichtentechnische Endausstattung.

Der »Geschützwagen II«, dessen Vorderfront im Laufe der Entwicklung geändert wurde, wog gefechtsmäßig ca. 11 t. 5 Mann Besatzung wurden mitgeführt. Das auch als »Gerät 803« ausgewiesene Fahrzeug hatte die offizielle Bezeichnung »leichte Feldhaubitze 18/2 auf Fahrgestell Panzerkampfwagen II (Sf) (Sd. Kfz. 124)«.

682 dieser Fahrzeuge wurden ab 1942 an die leichten Batterien der Panzerartillerie-Abteilungen (Sf) ausgegeben. Die ursprüngliche Suggestivbezeichnung »Wespe« entfiel lt. Führerbefehl vom 27. 2. 1944. Die Fa. FAMO in Warschau lieferte die Fahrgestelle bis 1944. FAMO baute weitere 158 Stück einer »Munitions-Selbstfahrlafette auf Fahrgestell Panzerkampfwagen II«. Dieses Fahrzeug hatte den gleichen Aufbau wie die »Wespe«, jedoch war kein Geschütz eingebaut. Ein Fahrer und zwei Kanoniere waren als Besatzung zugeteilt. Mit 90 Schuß 10,5-cm-Munition beladen, betrug das Gesamtgewicht ca. 11 t. Die Fahrzeuge konnten nach Umbau auch als Geschützwagen Verwendung finden.

Der »Geschützwagen II«, der zu Anfang der Entwicklung das unveränderte »Panzer-II«-Fahrgestell übernommen hatte, wurde im Laufe der Entwicklung etwas nach hinten verlängert, indem man die Leiträder nach rückwärts verlegte. Auch wurde das letzte Laufrollenpaar durch zusätzliche Kegelstumpffedern unterstützt. Hitler hielt im Februar 1943 die leichte Selbstfahrlafette mit leFH auf Panzer II als eine sehr gute Lösung. Um den außerordentlichen Bedarf an diesem Fahrzeug zu decken und vor allen Dingen zu einer kurzfristigen

Unter Verwendung von »LaS 100«-Fahrgestellen ergab sich die »Selbstfahrlafette II für 7,5-cm-Pak 40/2« (Sd. Kfz. 131).

Typenbereinigung zu kommen, wurde Speers Vorschlag angenommen, die gesamte Panzer-II-Produktion, welche kurzfristig auf 100 Stück pro Monat gesteigert werden sollte, auf leFH-Selbstfahrlafetten umzustellen. Unter diesen Umständen war es auch möglich, eine entsprechende Anzahl von Munitionsfahrzeugen der Truppe zuzuführen. Am 6. 3. 1943 unterstrich Hitler nochmals die Darlegungen Speers, daß Triebwerke, Getriebe und sonstige Einbauteile für Selbstfahrlafetten nur in dem Maße abgegeben werden dürften, als für diese Aggregate keine zusätzlichen Panzerwannen zur Verfügung stünden. Hitler verlangte ebenfalls die Überprüfung der Möglichkeit, die Panzer-II-Produktionskapazität, welche für Selbstfahrlafetten bestimmt war, für leichte Sturmgeschütze zu gewinnen.

Im April 1943 erklärte sich Hitler damit einverstanden, daß zur Ausnützung der Kapazität des Panzers II bei FAMO-Ursus ein ausschließlich für die Panzertruppe bestimmter Panzerjäger gebaut werde, für den als Geschütz die 7,5-cm-Pak L/48 vorgesehen sei.

Die Fertigung der leFH-Selbstfahrlafetten, die wie bereits erwähnt, hauptsächlich bei der FAMO in Warschau erfolgte, wurde jedoch im Laufe des Krieges nicht mehr auf Sturmgeschütze umgestellt.

»Panzer-II«-Fahrgestelle der Ausf. »A«, »B« und »C« waren bereits 1941 in geringen Stückzahlen nach Entfernen des Panzerkastenoberteils als Selbstfahrlafette für das sIG 33 verwendet worden. Da eine ähnliche Lösung auf dem »Panzer-I«-Fahrgestell nicht befriedigte, kam nunmehr ein Aufbau mit einem verhältnismäßig niedrigen Aufzug zur Anwendung.

Mit 5 Mann Besatzung und einem Gesamtgewicht von ca. 12 t kamen diese »Geschützwagen II für 15 cm sIG 33« hauptsächlich bei Panzergrenadier-Einheiten zum Einsatz.

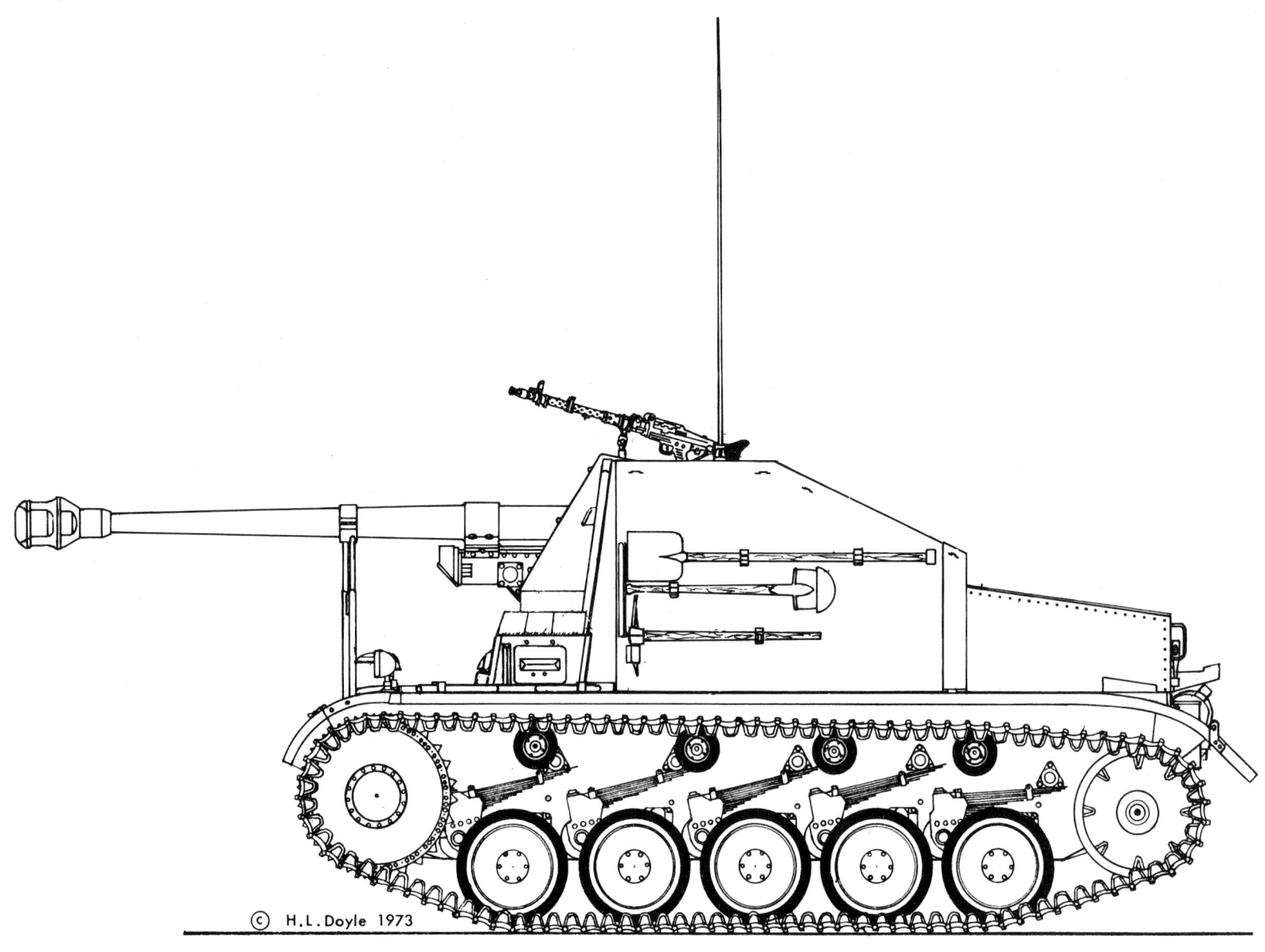

Sfl II für 7,5-cm-Pak 40/2 (Sd. Kfz. 131).

▶ Über 1200 Stück dieser Fahrzeuge wurden an Panzerjägerverbände ausgegeben.

▶ Bild zeigt den Einbau der 7,5-cm-Pak 40/2 im Fahrzeug »Marder II«. Beachte die doppelte Panzerung des Geschützschildes.

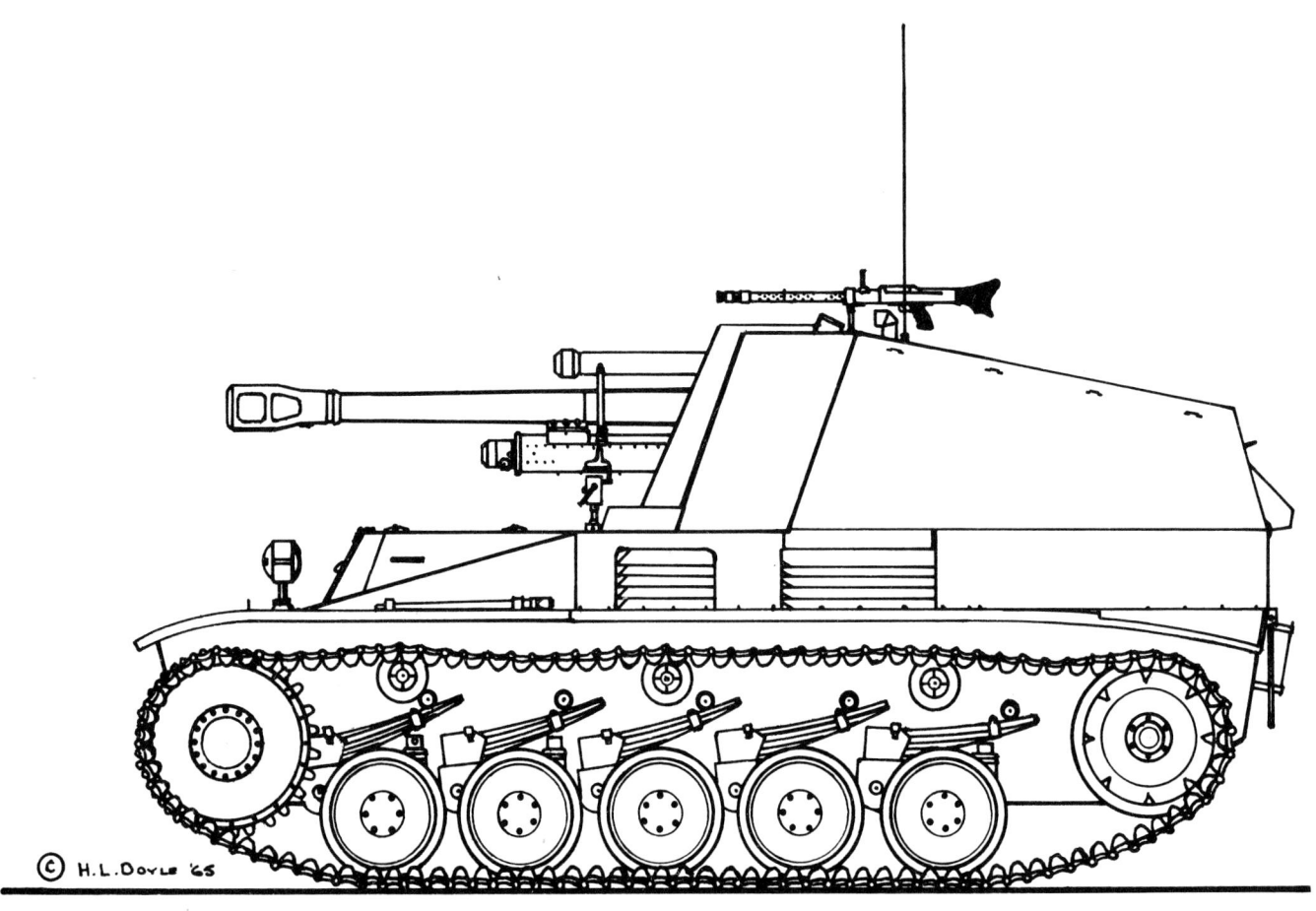

Leichte Panzerhaubitze 18/2 auf Fgst. Pz Kpfwg II (Sf) (Sd. Kfz. 124).

Da die Aufnahme dieses Geschützes die Verwendung des normalen »Panzer-II«-Fahrgestelles stark einschränkte, wurde das Fahrgestell versuchsweise verbreitet und durch ein 6-Rollen-Laufwerk verlängert. Auch hier machte die unzureichende Motorleistung eine Einführung des Fahrzeuges unmöglich. Nur Prototypen wurden gebaut.

Panzerbefehlswagen auf dem »Panzer-II«-Fahrgestell unterschieden sich von den Kampfpanzern lediglich durch eine Attrappenbewaffnung und erhöhte Funkgeräteausrüstung. Ebenso erhielt die Panzer-Artillerie teilweise Feuerleitpanzer auf »Panzer-II«-Fahrgestell. Diese Fahrzeuge waren durch eine über dem Motorraum angebrachte Rahmenantenne erkenntlich.

Die Fa. Wegmann in Kassel hatte am 18. 10. 1939 den Auftrag erhalten, unter Verwendung eines »LaS-100«-Fahrgestelles, ein Minenräumfahrzeug zu schaffen. Dieses sogenannte »Hammerschlaggerät«, welches am »Panzer II« vorgebaut, etwa 2,5 t wog, sollte zur Beseitigung von Tellerminen dienen. Drei Versuchsstücke wurden tatsächlich gebaut.

In einer offiziellen Aufstellung des Jahres 1940 wurde zum ersten Male die Existenz eines »Panzerkampfwagens II (Brückenleger)« erwähnt. Tatsächlich rüsteten die C. D. Magirus Werke in Ulm ein »b«-Fahrgestell mit einer klapp- und ausziehbaren Brücke aus, welche zum Überqueren schmaler Flüsse geeignet war. Im Truppengebrauch hatte sich diese Ausführung

Die »leichte Feldhaubitze 18/2 auf Fahrgestell Panzerkampfwagen II (Sf)« (Sd. Kfz. 124). Diese unter der Suggestivbezeichnung »Wespe« laufenden »Geschützwagen II« bildeten eine wertvolle Unterstützungswaffe für die Panzertruppe.

jedoch nicht bewährt. Offiziell besagt die HM 1941 Nr. 117 vom 23. 1. 1941, daß der bei der Panzer-Pionier-Kompanie nach der bisherigen Gliederung vorgesehene Brückenlegerzug künftig in Wegfall käme, da entsprechende Fahrzeuge nicht vorhanden wären und in nächster Zeit auch nicht beschafft werden könnten. Eine Wiederaufstellung des Brückenlegerzuges als 3. Zug der Brückenkolonne K sollte zur gegebenen Zeit noch gesondert befohlen werden.

Eine Anzahl von »Panzer-II«-Fahrzeugen — ohne Turm — wurden ab 1942 den Panzer-Pionier-Kompanien zugeteilt. Sie erhielten hölzerne Ladepritschen, die durch Zeltplanen abgedeckt wurden. Die Bezeichnung dieser Fahrzeuge lautete »Pionier-Kampfwagen II«.

Eines der »VK 1601«-Fahrzeuge war als Bergepanzer umgebaut worden, wobei lediglich anstelle des Drehturmes ein Kran aufgesetzt wurde. Das Fahrzeug wurde in Italien von den Alliierten erbeutet.

Bei Beginn der Sturmgeschütz-Entwicklung waren einige »Panzer-II«-Fahrgestelle zur Ausbildung von Panzerfahrern sowie zum behelfsmäßigen Aufbau von Panzerabwehrgeschützen abgezweigt worden.

Zusammenfassend kann festgestellt werden, daß die »Panzer I und II«, als Ausbildungsbehelf geschaffen, den Aufbau der deutschen Panzerwaffe ermöglichten und die Erfolge zu Beginn des Krieges wesentlich unterstützten.

Abstand 50m

Die Draufsicht zeigt den oben offenen Kampfraum dieser Fahrzeuge.
Der Motor war beim Geschützwagen nach vorne verlegt worden.

Die Fahrerfront hatte sich im Laufe der Entwicklung dieser Fahrzeuge mehrere Male geändert.

◀ Vorder- und Rückansicht des Fahrzeuges »Wespe«.

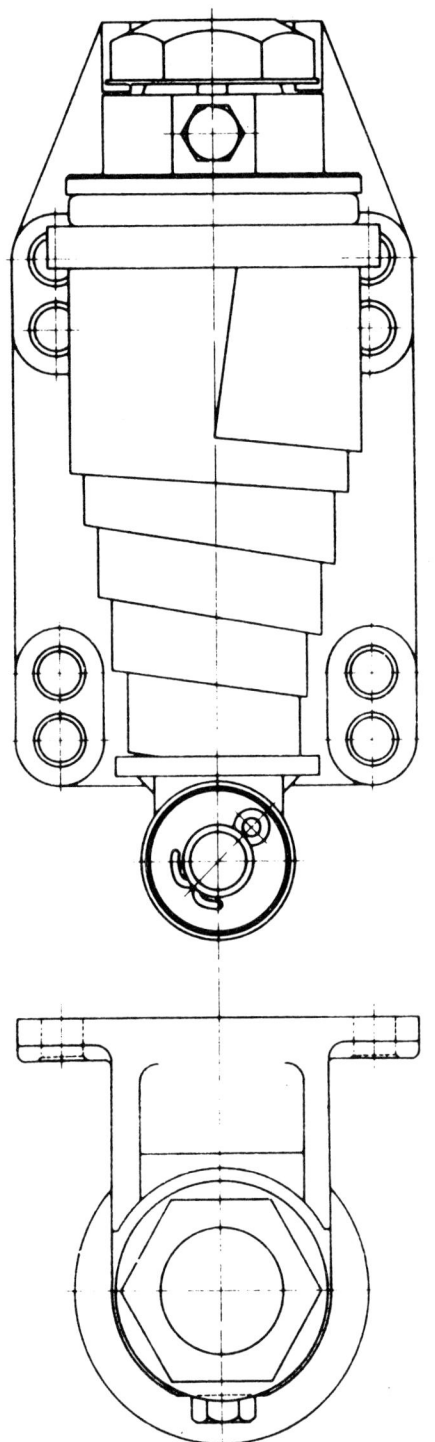
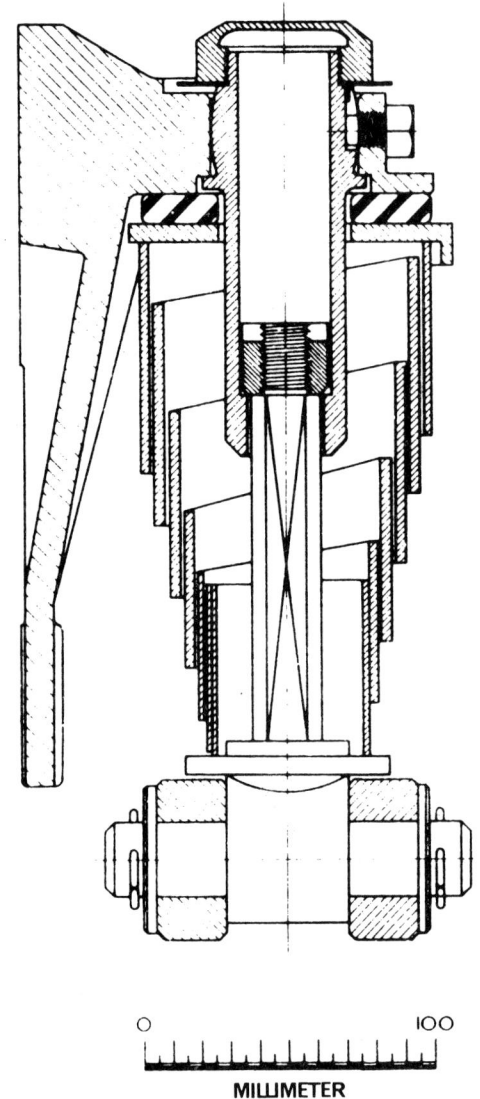

Zur Verstärkung des Fahrgestelles, vor allem bei der Feuerabgabe, wurden zusätzliche Kegelstumpffedern eingebaut.

158 Stück dieser »Munitions-Selbstfahrlafette auf Fgst. Pz. II« wurden von der Firma FAMO gefertigt. Sie dienten zur Munitionsversorgung der »Wespe«-Einheiten.

Als Unterstützungswaffe für Panzergrenadier-Einheiten trat diese 15-cm-sIG-33-Selbstfahrlafette auf »Panzer II«-Fahrgestell auf.

15-cm-sIG 33 (Sf) auf Fgst. Pz. II.

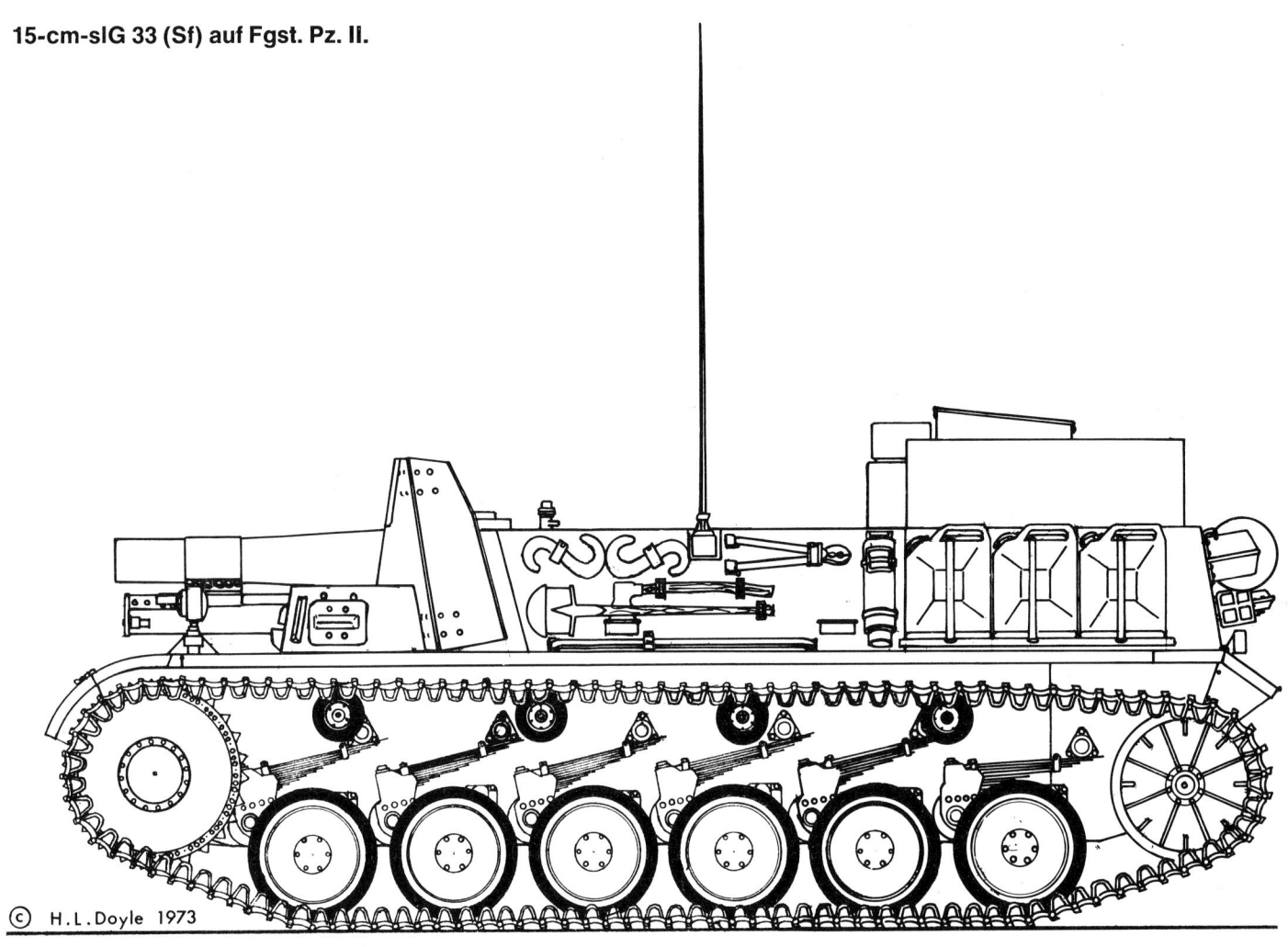

Versuchsweise wurde für diesen Waffeneinbau ein verbreitertes und verlängertes »Panzer II«-Fahrgestell verwendet. Die Motorleistung erwies sich als unzureichend.

Als Beobachtungs/Feuerleitpanzer der Panzerartillerie traten vereinzelt »Panzer II« mit zusätzlicher Funkausrüstung auf. Sie waren durch die über dem Motor angebrachte Kastenantenne klar zu unterscheiden.

6596.41K

6595.41K

Als Einzelexemplar erwies sich dieser Bergepanzer-Umbau auf dem Fahrgestell des »VK 1601«. Das Fahrzeug wurde in Italien von den Alliierten erbeutet.

Panzer-Pionier-Einheiten erhielten umgebaute »Panzer II«-Fahrgestelle als »Pionier-Panzerwagen« zugeteilt.

Technische Daten

Auf ein »b«-Fahrgestell setzte die Firma C. D. Magirus eine Schnellbrücke zum Überwinden kurzer Geländehindernisse. Diese Panzerlegerbrücken wurden jedoch nicht eingeführt. Es blieb bei diesem Prototyp.

Großtraktor I

Typ: „G.T.I."

Herstellungsland: Deutschland
Hersteller:
Daimler-Benz AG, Stuttgart-Untertürkheim
(Zusammenbau in Unterluess)

Baujahr: 1927–29
Informationsquelle:
Daimler-Benz AG, Archiv
Bemerkungen:
Auftragserteilung am 26. März 1927 über 2 Fahrzeuge,
2 Fahrzeuge gebaut

Motor: Hersteller, Typ	Mercedes-Daimler „D IVb"*	*Bremsart*	Außenband
Zyl.-Anzahl, Anordnung	6, Reihe	*Fußbremse wirkt auf*	Getriebe
Bohrung	182 mm	*Handbremse wirkt auf*	linke Lenkbremse
Hub	200 mm	*Art der Räder*	Lauf- und Stützrollen
Hubraum	31 200 ccm		- Lauf (300) 90-203
Verdichtungsverhältnis	4,5:1	*Spurweite*	2220 mm
Drehzahl	1450 U/min	*Kettenauflage*	6000 mm von Leit- zum
Höchstleistung	260/300 PS		Antriebsrad
Leistungsgewicht	20 PS/t	*Kettenbreite*	380 mm, Kettentyp
Ventilanordnung	hängend		MK 6/380/160
Kurbelwellenlager		*Bodenfreiheit*	
Vergaser, Anzahl	2, Typ Mercedes-Pallas	*Länge über alles*	
Zündfolge	1-5-3-6-2-4	*Breite über alles*	
Anlasser	DKW 2-Takt, 2-Zyl.-Motor/	*Höhe über alles*	
	10 PS bei n = 3000	*Bodendruck*	
Lichtmaschine	Bosch	*Fahrgestellgewicht*	Selbsttragender
Batterie, Anzahl	Volt Ah		Wagenkasten 4193 kp
Kraftstofförderung	Pumpe	*Zul. Gesamtgewicht*	15 000 kp
Kühlung	Wasser	*Nutzlast*	
Kupplung	hydr. Außenband	*Sitzplätze*	6
Getriebe	hydr. Planeten	*Kraftstoffverbrauch*	
Anzahl der Gänge	V 3, R 1, mit Zusatzgetriebe	*Ölverbrauch*	je nach Einsatz
Treibende Räder	hinten	*Kraftstoffvorrat:*	
Triebachsenübersetzung		*Panzerung:*	
Höchstgeschwindigkeit	40 km/h, i. Wasser 4 km/h**	Turm	Weichstahl 14,5 mm
Fahrbereich		Wanne	Weichstahl 14,5 mm
Art der Lenkung	hydr.	*Leistungen:*	
Wendekreis ⌀		Steigfähigkeit	30°
Federung	Blattfedern, längs für	*Bewaffnung:*	1 7,5 cm Kanone L/20
	Rollenwagen		u. 2-3 MG
Schmiersystem	Zentral	*Verwendungszweck:*	Versuchsfahrzeug für
Bremsanlage Hersteller	A. Teves/Daimler-Benz		Kampfwagen
Wirkungsweise	hydr.		

*) Weltkriegs-Flugmotor, Typ „F 182 206", Gewicht mit Hilfsmotor
ca. 600 kp Motorlänge 1801 mm
**) Zweischraubenantrieb im Wasser

Panzerkampfwagen I (MG) (Sd.Kfz. 101) Ausführung A

Typ: „I A LaS Krupp"

Herstellungsland: Deutschland
Hersteller:
Friedrich Krupp AG., Essen u. a.

Baujahr: 1933–34
Informationsquelle:
D 650/1 vom 20. September 1938
Bemerkungen: Fahrgestell-Nr. 10 001 – 10 477

Motor: Hersteller, Typ	Krupp „M 305"		
Zyl.-Anzahl, Anordnung	4, Boxer	*Fußbremse wirkt auf*	Lenkbremse
Bohrung	92 mm	*Handbremse wirkt auf*	keine vorhanden
Hub	130 mm	*Art der Räder*	Lauf- und Stützrollen
Hubraum	3460 ccm		– Lauf 530 x 80
Verdichtungsverhältnis	5,2:1		– Stütz 700 (190) 85–72 (39)
Drehzahl	2500 U/min	*Spurweite*	1676 mm
Höchstleistung	57 PS	*Kettenauflage*	2470 mm
Leistungsgewicht	11,1 PS/t	*Kettenbreite*	280 mm
Ventilanordnung	hängend	*Bodenfreiheit*	295 mm
Kurbelwellenlager	2 Gleit-	*Länge über alles*	4020 mm
Vergaser, Anzahl	2 Typ Solex 40 JFP	*Breite über alles*	2060 mm
Zündfolge	1–3–4–2	*Höhe über alles*	1720 mm
Anlasser	SSW Lichtanlasser LAK 300	*Feuerhöhe*	1500 mm
Lichtmaschine	sh. Anlasser	*Bodendruck*	0,39 kp/cm²
Batterie, Anzahl	1, 6 Volt 105 Ah	*Fahrgestellgewicht*	
Kraftstofförderung	Pumpe	*zul. Gesamtgewicht*	5400 kp
Kühlung	Luft, Gebläse	*Nutzlast*	340 kp
Kupplung	Zweischeiben, tr.	*Sitzplätze*	2
Getriebe	ZF Aphon FG 35	*Kraftstoffverbrauch*	100 Ltr. 100 km
Anzahl der Gänge	V 5, R 1	*Ölverbrauch*	je nach Einsatz
Treibende Räder	vorne	*Kraftstoffvorrat*	144 Ltr. in 2 Behältern
Triebachsenübersetzung	1:1,31 (Vorgelege)	*Panzerung:*	
Höchstgeschwindigkeit	37 km/h	Wanne u. Turm	13 mm rundum
Fahrbereich	S = 145/ G = 100 km	*Leistungen:*	
Art der Lenkung	Krupp Kupplungs-	Steigfähigkeit	30°
Wendekreis ⌀	2,1 m	Klettert	370 mm
Federung	Schrauben- und ¼-Federn	Watet	600 mm
Schmiersystem	Hochdruck	Überschreitet	1400 mm
Bremsanlage Hersteller	Krupp	*Bewaffnung:*	2 MG 13 (Dreyse) (1525) *
Wirkungsweise	mech.	*Verwendungszweck:*	leichter Ausbildungs-
Bremsart	Bandbremse		Panzerkampfwagen

* Nummer in ( ) hinter Bewaffnung gibt Munitionsvorrat an

Panzerkampfwagen I
(MG) (Sd.Kfz. 101) Ausführung B

Typ: „I B LaS May"

Herstellungsland: Deutschland
Hersteller:
Henschel & Sohn GmbH., Kassel u. a.

Baujahr: 1934–41
Informationsquelle:
D 650/4 vom 23. Februar 1938
Bemerkungen: Ab Fahrgestell-Nr. 10 478

Motor: Hersteller, Typ	Maybach „NL 38 TR"	*Bremsart*	Bandbremse
Zyl.-Anzahl, Anordnung	6, Reihe	*Fußbremse wirkt auf*	Lenkbremse
Bohrung	90 mm	*Handbremse wirkt auf*	keine vorhanden
Hub	100 mm	*Art der Räder*	Lauf- und Stützrollen
Hubraum	3791 ccm		– Lauf 530 x 80
Verdichtungsverhältnis	6,7:1		– Stütz 700 (190) 85–72
Drehzahl	3000 U/min	*Spurweite*	1670 mm
Höchstleistung	100 PS	*Kettenauflage*	2470 mm
Leistungsgewicht	17,1 PS/t	*Kettenbreite*	280 mm
Ventilanordnung	hängend	*Bodenfreiheit*	295 mm
Kurbelwellenlager	8 Gleit-	*Länge über alles*	4420 mm
Vergaser, Anzahl	1 Typ Solex 40 JFF II	*Breite über alles*	2060 mm
Zündfolge	1–5–3–6–2–4	*Höhe über alles*	1720 mm
Anlasser	Bosch BJH 1,4/12 ARS 113	*Feuerhöhe*	1500 mm
Lichtmaschine	Bosch GTL 600/12-1200 RS 39	*Bodendruck*	0,43 kp/cm²
		Fahrgestellgewicht	Eigengewicht 5660 kp
Batterie, Anzahl	2, 12 Volt 105 Ah	*zul. Gesamtgewicht*	6000 kp
Kraftstofförderung	Pallaspumpe Typ C. 949	*Nutzlast*	340 kp
Kühlung	Wasser	*Sitzplätze*	2
Kupplung	Zweischeiben, tr.	*Kraftstoffverbrauch*	S = 100/G = 125 Ltr. 100 km
Getriebe	ZF Aphon FG 31	*Ölverbrauch*	je nach Einsatz
Anzahl der Gänge	V 5, R 1	*Kraftstoffvorrat*	146 Ltr.
Treibende Räder	vorne	*Panzerung:*	
Triebachsenübersetzung		Wanne u. Turm	13 mm rundum
Höchstgeschwindigkeit	40 km/h	*Leistungen:*	
Fahrbereich	S = 140 / G = 115 km	Steigfähigkeit	30°
Art der Lenkung	Krupp Kupplungs-	Klettert	370 mm
Wendekreis ⌀	2,1 m	Watet	600 mm
Federung	Schrauben- und ¼-Federn	Überschreitet	1400 mm
Schmiersystem	Hochdruck	*Bewaffnung:*	2 MG 13 (Dreyse) (2250)
Bremsanlage Hersteller	Friedrich Krupp	*Verwendungszweck:*	leichter Ausbildungs-Panzerkampfwagen
Wirkungsweise	mech.		

**Panzerkampfwagen I
(Ausf. C) (VK 601)**

Typ: „VK 601"

Herstellungsland: Deutschland
Hersteller:
Krauss-Maffei AG., München-Allach

Baujahr: 1939–41
Informationsquelle:
D 650/22 vom 1. 10. 1942 und KM Archiv
Bemerkungen: Auftrag vom 15. 9. 1939 über 40 Stück,
46 Stück gebaut

Motor: Hersteller, Typ	Maybach „HL 45 p"
Zyl.-Anzahl, Anordnung	6, Reihe
Bohrung	95 mm
Hub	110 mm
Hubraum	4678 ccm
Verdichtungsverhältnis	6,6:1
Drehzahl	3800 U/min
Höchstleistung	150 PS
Leistungsgewicht	18,2 PS/t
Ventilanordnung	hängend
Kurbelwellenlager	8 Gleit-
Vergaser, Anzahl	2 Typ Solex 40 JFF II
Zündfolge	1–5–3–6–2–4
Anlasser	Bosch BNG 2,5/12
Lichtmaschine	Bosch RKCN 300/12–1300
Batterie, Anzahl	2, 12 Volt 105 Ah
Kraftstofförderung	Pumpe
Kühlung	Wasser
Kupplung	Mehrscheiben in Öl
Getriebe	Maybach „VG 15319"
Anzahl der Gänge	V 8, R 2
Treibende Räder	vorne
Triebachsenübersetzung	1:5,5 (Vorgelege)
Höchstgeschwindigkeit	79 km/h
Fahrbereich	300 km
Art der Lenkung	Dreiradienlenkgetriebe „KM LG 45 R"
Wendekreis ⌀	Stelle
Federung	Drehstäbe, quer
Schmiersystem	Hochdruck
Bremsanlage Hersteller	Krauss-Maffei
Wirkungsweise	mech.
Bremsart	Außenbacken
Fußbremse wirkt auf	Antrieb, Vorgelege
Handbremse wirkt auf	Antrieb
Art der Räder	Stahlscheiben- u. Speichen
Spurweite	1630 mm
Kettenauflage	2200 mm – 89 Glieder pro Kette
Kettenbreite	390 mm
Bodenfreiheit	290 mm
Länge über alles	4195 mm
Breite über alles	1920 mm
Höhe über alles	2010 mm
Feuerhöhe	1724 mm
Bodendruck	0,84 kp/cm²
Fahrgestellgewicht	
Zul. Gesamtgewicht	8000 kp
Nutzlast	1500 kp
Sitzplätze	2
Kraftstoffverbrauch	
Ölverbrauch	je nach Einsatz
Kraftstoffvorrat	
Panzerung:	
Wanne	10-30 mm
Leistungen:	
Klettert	300 mm
Watet	785 mm
Überschreitet	1200 mm
Bewaffnung:	1 EW 141 + 1 MG 34
Verwendungszweck:	Prototyp für ein schnelles Aufklärungsfahrzeug, auch für Luftlandetruppen geplant

**Panzerkampfwagen I
(Ausf. F) (VK 1801)**

Typ: „VK 1801"

Herstellungsland: Deutschland
Hersteller:
Krauss-Maffei AG., München-Allach

Baujahr: 1939–40
Informationsquelle:
D 650/33 vom Juli 1942 und KM-Archiv
Bemerkungen: Auftrag vom 22. 12. 1939, 30 Stück gebaut

Motor: Hersteller, Typ	Maybach „HL 45 p"	*Fußbremse wirkt auf*	Antrieb, Vorgelege
Zyl.-Anzahl, Anordnung	6, Reihe	*Handbremse wirkt auf*	Antrieb
Bohrung	95 mm	*Art der Räder*	Stahlblechscheiben- und Speichen
Hub	110 mm		
Hubraum	4678 ccm	*Spurweite*	2100 mm
Verdichtungsverhältnis	6,6:1	*Kettenauflage*	2200 mm — 53 Glieder pro Kette
Drehzahl	3800 U/min		
Höchstleistung	150 PS	*Kettenbreite*	540 mm
Leistungsgewicht	7,1 PS/t	*Bodenfreiheit*	350 mm
Ventilanordnung	hängend	*Länge über alles*	4375 mm
Kurbelwellenlager	8 Gleit-	*Breite über alles*	2640 mm
Vergaser, Anzahl	2 Typ Solex 40 JFF II	*Höhe über alles*	2050 mm
Zündfolge	1–5–3–6–2–4	*Feuerhöhe*	1750 mm
Anlasser	Bosch BNG 2,5/12	*Bodendruck*	0,46 kp/cm²
Lichtmaschine	Bosch RKCN 300/12-1300	*Fahrgestellgewicht*	
Batterie, Anzahl	2, 12 Volt 105 Ah	*zul. Gesamtgewicht*	21 000 kp
Kraftstofförderung	Pumpe	*Nutzlast*	1500 kp
Kühlung	Wasser	*Sitzplätze*	2
Kupplung	Mehrscheiben, tr.	*Kraftstoffverbrauch*	
Getriebe	ZF „SSG 47"	*Ölverbrauch*	je nach Einsatz
Anzahl der Gänge	V 4, R 1	*Kraftstoffvorrat*	
Treibende Räder	vorne	*Panzerung:*	
Triebachsenübersetzung		Wanne u. Turm	80 mm
Höchstgeschwindigkeit	25 km/h	*Leistungen:*	
Fahrbereich	150 km	Steigfähigkeit	59 %
Art der Lenkung	Kupplungs-	Klettert	330 mm
Wendekreis ⌀	2,10 m	*Watet*	570 mm
Federung	Drehstäbe, quer	Überschreitet	1500 mm
Schmiersystem	Hochdruck	*Bewaffnung:*	2 MG 34
Bremsanlage Hersteller	Krauss-Maffei	*Verwendungszweck:*	schwer gepanzertes Infanterie-Unterstützungsfahrzeug
Wirkungsweise	mech.		
Bremsart	Außenbacken		

Panzerkampfwagen I (A) Munitionsschlepper (Sd. Kfz. 111)

Typ: „I A LaS Krupp"

Herstellungsland: Deutschland
Hersteller: Daimler-Benz AG., Werk Berlin-Marienfelde

Baujahr: 1934–35
Informationsquelle: D 650/9 b vom 15. August 1942
Bemerkungen: 51 Stück umgebaut

Motor: Hersteller, Typ	Krupp „M 305"	*Bremsart*	Bandbremse
Zyl.-Anzahl, Anordnung	4, Boxer	*Fußbremse wirkt auf*	Lenkbremse
Bohrung	92 mm	*Handbremse wirkt auf*	nicht vorhanden
Hub	130 mm	*Art der Räder*	Lauf- und Stützrollen
Hubraum	3460 ccm		– Lauf 530 x 80
Verdichtungsverhältnis	5,2:1		– Stütz 700 (190) 85–72 (39)
Drehzahl	2500 U/min	*Spurweite*	1676 mm
Höchstleistung	57 PS	*Kettenauflage*	2470 mm
Leistungsgewicht	12 PS/t	*Kettenbreite*	280 mm
Ventilanordnung	hängend	*Bodenfreiheit*	295 mm
Kurbelwellenlager	2 Gleit-	*Länge über alles*	4020 mm
Vergaser, Anzahl	2 Typ Solex 40 JFP	*Breite über alles*	2060 mm
Zündfolge	1–3–4–2	*Höhe über alles*	1400 mm
Anlasser	SSW Lichtanlasser LAK 300	*Bodendruck*	0,35 kp/cm²
Lichtmaschine	sh. Anlasser	*Fahrgestellgewicht*	
Batterie, Anzahl	1, 6 Volt 105 Ah	*zul. Gesamtgewicht*	5000 kp
Kraftstofförderung	Pumpe	*Nutzlast*	500 kp
Kühlung	Luft, Gebläse	*Sitzplätze*	2
Kupplung	Zweischeiben, tr.	*Kraftstoffverbrauch*	100 Ltr. 100 km
Getriebe	ZF Aphon FG 35	*Ölverbrauch*	je nach Einsatz
Anzahl der Gänge	V 5, R 1	*Kraftstoffvorrat*	144 Ltr. in 2 Behältern
Treibende Räder	vorne	*Panzerung:*	
Triebachsenübersetzung	1:1,31 (Vorgelege)	*Wanne vorne*	15 mm
Höchstgeschwindigkeit	37 km/h	*seitlich*	13 mm
Fahrbereich	S = 140 / G = 95 km	*Leistungen:*	
Art der Lenkung	Krupp Kupplungs-	*Steigfähigkeit*	30°
Wendekreis ⌀	2,1 m	*Klettert*	370 mm
Federung	Schrauben- und ¼-Federn	*Watet*	600 mm
Schmiersystem	Hochdruck	*Überschreitet*	1400 mm
Bremsanlage Hersteller	Krupp	*Verwendungszweck:*	gepanzertes Munitions-Transportfahrzeug
Wirkungsweise	mech.		

4,7-cm-Pak (t) auf Panzerkampfwagen I (Sd. Kfz. 101) ohne Turm
Typ: „I B LaS May"

Herstellungsland: Deutschland
Hersteller:
Altmärkische Kettenfabrik GmbH., Berlin-Spandau – (Umbau)

Baujahr: 1939–40
Informationsquelle:
D 650/17 vom 15. Mai 1940
Bemerkungen: 132 Stück umgebaut

Motor: Hersteller, Typ	Maybach/Nordbau „NL 38 TR"	*Handbremse wirkt auf*	ohne
		Art der Räder	Lauf- und Stützrollen
Zyl.-Anzahl, Anordnung	6, Reihe		– Lauf 530 x 80
Bohrung	90 mm		– Stütz 700 (190) 85-72
Hub	100 mm	*Spurweite*	1670 mm
Hubraum	3791 ccm	*Kettenauflage*	2470 mm
Verdichtungsverhältnis	6,7:1	*Kettenbreite*	280 mm
Drehzahl	3000 U/min	*Bodenfreiheit*	295 mm
Höchstleistung	100 PS	*Länge über alles*	4420 mm
Leistungsgewicht	15,6 PS/t	*Breite über alles*	1850 mm
Ventilanordnung	hängend	*Höhe über alles*	2250 mm
Kurbelwellenlager	8 Gleit-	*Feuerhöhe*	1720 mm
Vergaser, Anzahl	1 Typ Solex 40 JFF II	*Bodendruck*	0,45 kp/cm²
Zündfolge	1-5-3-6-2-4	*Fahrgestellgewicht*	
Anlasser	Bosch BJH 1,4/12	*zul. Gesamtgewicht*	6400 kp
Lichtmaschine	Bosch GTL 600/12-1200	*Nutzlast*	300 kp
Batterie, Anzahl	2, 12 Volt 105 Ah	*Sitzplätze*	3
Kraftstofförderung	Pallaspumpe C. 949	*Kraftstoffverbrauch*	S = 100/G = 125 Ltr. 100 km
Kühlung	Wasser	*Ölverbrauch*	je nach Einsatz
Kupplung	Zweischeiben, tr.	*Kraftstoffvorrat*	146 Ltr. in 2 Behältern
Getriebe	ZF Aphon FG 31	*Panzerung:*	
Anzahl der Gänge	V 5, R 1	Wanne	13 mm rundum
Treibende Räder	vorne	Aufbau vorne	14,5 mm
Triebachsenübersetzung		seitlich	14,5 mm
Höchstgeschwindigkeit	42 km/h	*Leistungen:*	
Fahrbereich	S = 140 / G = 95 km	Steigfähigkeit	30°
Art der Lenkung	Krupp Kupplungs-	Klettert	370 mm
Wendekreis ⌀	2,1 m	Watet	600 mm
Federung	Schrauben- und ¼-Federn	Überschreitet	1400 mm
Schmiersystem	Hochdruck	*Bewaffnung:*	1 4,7-cm-Pak (t) (86) und
Bremsanlage Hersteller	Friedr. Krupp		1 MP (192)
Wirkungsweise	mech.	*Verwendungszweck:*	leichtes, behelfsmäßiges
Bremsart	Bandbremse		Panzerjäger-Fahrzeug
Fußbremse wirkt auf	Lenkbremse		

Geschützwagen I für 15-cm-sIG 33
Typ: „I B LaS May"

Herstellungsland: Deutschland
Hersteller:
Altmärkische Kettenfabrik GmbH., Berlin-Spandau
(Umbau)

Baujahr: 1939–40
Informationsquelle:
D 650/4 vom 23. Februar 1938
Bemerkungen: 38 Fahrzeuge durch Umbauten erstellt.

Motor: Hersteller, Typ	Maybach „NL 38 TR"	*Fußbremse wirkt auf*	Lenkbremse
Zyl.-Anzahl, Anordnung	6, Reihe	*Handbremse wirkt auf*	ohne
Bohrung	90 mm	*Art der Räder*	Lauf- und Stützrollen
Hub	100 mm		– Lauf 530 x 80
Hubraum	3791 ccm		– Stütz 700 (190) 85-72
Verdichtungsverhältnis	6,7:1	*Spurweite*	1670 mm
Drehzahl	3000 U/min	*Kettenauflage*	2470 mm
Höchstleistung	100 PS	*Kettenbreite*	280 mm
Leistungsgewicht	11,9 PS/t	*Bodenfreiheit*	295 mm
Ventilanordnung	hängend	*Länge über alles*	4420 mm
Kurbelwellenlager	8 Gleit-	*Breite über alles*	2680 mm
Vergaser, Anzahl	1 Typ Solex 40 JFF II	*Höhe über alles*	3350 mm
Zündfolge	1–5–3–6–2–4	*Bodendruck*	0,6 kp/cm²
Anlasser	Bosch BJH 1,4/12	*Fahrgestellgewicht*	
Lichtmaschine	Bosch GTL 600/12-1200	*zul. Gesamtgewicht*	8500 kp
Batterie, Anzahl	2, 12 Volt 105 Ah	*Nutzlast*	2000 kp
Kraftstofförderung	Pallaspumpe C. 949	*Sitzplätze*	4
Kühlung	Wasser	*Kraftstoffverbrauch*	125 Ltr. 100 km
Kupplung	Zweischeiben, tr.	*Ölverbrauch*	je nach Einsatz
Getriebe	ZF „FG 31" Aphon-	*Kraftstoffvorrat*	146 Ltr. in 2 Behältern
Anzahl der Gänge	V 5, R 1	*Panzerung:*	
Treibende Räder	vorne	*Wanne*	13 mm rundum
Triebachsenübersetzung		*Aufbau*	10 mm rundum
Höchstgeschwindigkeit	35 km/h	*Leistungen:*	
Fahrbereich	100 km	*Steigfähigkeit*	20°
Art der Lenkung	Krupp Kupplungs-	*Klettert*	370 mm
Wendekreis ⌀	2,1 m	*Watet*	600 mm
Federung	Schrauben- und ¼-Federn	*Überschreitet*	1400 mm
Schmiersystem	Hochdruck	*Bewaffnung:*	1 15-cm-sIG 33 L/11
Bremsanlage Hersteller	Friedr. Krupp AG.	*Verwendungszweck:*	Behelfsmäßige Infanterie-Unterstützungs-Selbstfahrlafette
Wirkungsweise	mech.		
Bremsart	Bandbremse		

**Kleiner Panzerbefehlswagen
(Sd. Kfz. 265)**

Typ: „kl. B"

Herstellungsland: Deutschland
Hersteller:
Daimler-Benz AG., Werk Berlin-Marienfelde

Baujahr: 1936–38
Informationsquelle:
D 650/10 vom 25. Oktober 1938
Bemerkungen: ca. 200 Stück gebaut
Fahrgestell-Nr. 15 001–15 200

Motor: Hersteller, Typ	Maybach „NL 38 TR"
Zyl.-Anzahl, Anordnung	6, Reihe
Bohrung	90 mm
Hub	100 mm
Hubraum	3791 ccm
Verdichtungsverhältnis	6,7:1
Drehzahl	3000 U/min
Höchstleistung	100 PS
Leistungsgewicht	17 PS/t
Ventilanordnung	hängend
Kurbelwellenlager	8 Gleit-
Vergaser, Anzahl	1 Typ Solex 40 JFF 2 F
Zündfolge	1–5–3–6–2–4
Anlasser	Bosch BJH 1,4/12 ARS 113
Lichtmaschine	Bosch GTL 600/12-1200
Batterie, Anzahl	2, 12 Volt 105 Ah
Kraftstofförderung	Pallaspumpe 75032 Typ C. 949
Kühlung	Wasser
Kupplung	Zweischeiben, tr.
Getriebe	ZF Aphon FG 31
Anzahl der Gänge	V 5, R 1
Treibende Räder	vorne
Triebachsenübersetzung	
Höchstgeschwindigkeit	40 km/h
Fahrbereich	S = 170 / G = 115 km
Art der Lenkung	Krupp Kupplungs-
Wendekreis ⌀	2,1 m
Federung	Schrauben- und 1/4-Federn
Schmiersystem	Hochdruck
Bremsanlage Hersteller	Krupp
Wirkungsweise	mech.
Bremsart	Bandbremse
Fußbremse wirkt auf	Lenkbremse
Handbremse wirkt auf	nicht vorhanden
Art der Räder	Lauf- und Stützrollen
	– Lauf 530 x 80
	– Stütz 700 (190) 85–72 (39)
Spurweite	1670 mm
Kettenauflage	2400 mm
Kettenbreite	280 mm
Bodenfreiheit	295 mm
Länge über alles	4420 mm
Breite über alles	2060 mm
Höhe über alles	1990 mm
Feuerhöhe	1480 mm
Bodendruck	0,43 kp/cm²
Fahrgestellgewicht	
zul. Gesamtgewicht	5880 kp
Nutzlast	450 kp
Sitzplätze	3
Kraftstoffverbrauch	110 Ltr. 100 km
Ölverbrauch	je nach Einsatz
Kraftstoffvorrat	146 Ltr.
Panzerung:	
Wanne	14,5 mm rundum
Leistungen:	
Steigfähigkeit	30°
Klettert	370 mm
Watet	600 mm
Überschreitet	1400 mm
Bewaffnung:	1 MG 34 (900)
Verwendungszweck:	leichtes Führungsfahrzeug der Panzerverbände

Panzerkampfwagen II (2 cm) (Sd. Kfz. 121) Ausf. a1, a2 und a3

Herstellungsland: Deutschland
Hersteller:
Maschinenfabrik Augsburg–Nürnberg AG.,
Werk Nürnberg u. a.

Typ: „1/LaS 100"
Baujahr: 1934–36
Informationsquelle:
D 651/1 vom 31. März 1938
Bemerkungen: Fahrgestell-Nr. 20 001–20 010, 20 011–20 025, 20 026–20 050, 20 051–21 000

Motor: Hersteller, Typ	Maybach „HL 57 TR"
Zyl.-Anzahl, Anordnung	6, Reihe
Bohrung	100 mm
Hub	120 mm
Hubraum	5698 ccm
Verdichtungsverhältnis	6,3:1
Drehzahl	2600 U/min
Höchstleistung	130 PS
Leistungsgewicht	17 PS/t
Ventilanordnung	hängend
Kurbelwellenlager	8 Gleit-
Vergaser, Anzahl	1 Typ Solex 40 JFF II
Zündfolge	1–5–3–6–2–4
Anlasser	Bosch BNF 2,5/12 BRS 112 + AL/ZMA/R 8
Lichtmaschine	Bosch RKC 130/12-825 LS 44
Batterie, Anzahl	1 od. 2, 12 Volt 105 od. 60 Ah
Kraftstofförderung	Pumpe
Kühlung	Wasser
Kupplung	Zweischeiben, tr.
Getriebe	ZF SSG 45 (2.-6. Gang synchr.)
Anzahl der Gänge	V 6, R 1
Treibende Räder	vorne
Triebachsenübersetzung	1:9,1 (Vorgelege)
Höchstgeschwindigkeit	40 km/h
Fahrbereich	S = 210 / G = 160 km
Art der Lenkung	MAN Planeten-Lenkgetr.
Wendekreis ⌀	4,8 m
Federung	Blattfedern, längs 6 Rollen zu je 2 Paaren zusammengefaßt
Schmiersystem	Hochdruck
Bremsanlage Hersteller	MAN
Wirkungsweise	mech.
Bremsart	Innenbacken/Außenband
Fußbremse wirkt auf	Lenkbremsen
Handbremse wirkt auf	Lenkbremsen
Art der Räder	Lauf- und Stützrollen
Spurweite	1780 mm
Kettenauflage	2426 mm
	108 Glieder pro Kette
Kettenbreite	300 mm
Bodenfreiheit	300 mm
Länge über alles	4380 mm
Breite über alles	2140 mm
Höhe über alles	1945 mm
Bodendruck	0,5 kp/cm²
Fahrgestellgewicht	5200 kp
zul. Gesamtgewicht	7600 kp
Nutzlast	
Sitzplätze	3
Kraftstoffverbrauch	150 Ltr. 100 km
Ölverbrauch	je nach Einsatz
Kraftstoffvorrat	102 + 68 = 170 Ltr.
Panzerung:	
Wanne	14,5 mm rundum
Leistungen:	
Steigfähigkeit	30°
Klettert	420 mm
Watet	920 mm
Überschreitet	1800 mm
Bewaffnung:	1 2-cm-KwK 30 (180) + 1 MG 34 (1425)
Verwendungszweck:	leichter Kampfpanzer

Panzerkampfwagen II (2 cm) (Sd. Kfz. 121) Ausf. b

Herstellungsland: Deutschland
Hersteller: Maschinenfabrik Augsburg-Nürnberg AG., Werk Nürnberg u. a.

Typ: „2/LaS 100"
Baujahr: 1936–37
Informationsquelle: D 651/1 vom 31. März 1938
Bemerkungen: Fahrgestell-Nr. 21 001–21 100

Motor: Hersteller, Typ	Maybach „HL 62 TR"
Zyl.-Anzahl, Anordnung	6, Reihe
Bohrung	105 mm
Hub	120 mm
Hubraum	6191 ccm
Verdichtungsverhältnis	6,5:1
Drehzahl	2600 U/min
Höchstleistung	140 PS
Leistungsgewicht	17,5 PS/t
Ventilanordnung	hängend
Kurbelwellenlager	8 Gleit-
Vergaser, Anzahl	1 Typ Solex 40 JFF II
Zündfolge	1–5–3–6–2–4
Anlasser	Bosch BNG 2,5/12 BR 183 + AL/ZMA/R 3
Lichtmaschine	Bosch RJJK 130/12-1500
Batterie, Anzahl	1, 12 Volt 105 Ah
Kraftstofförderung	Pumpe
Kühlung	Wasser
Kupplung	Zweischeiben, tr. F & S K 230 K
Getriebe	ZF SSG 45 (2.-6. Gang synchr.)
Anzahl der Gänge	V 6, R 1
Treibende Räder	vorne
Triebachsenübersetzung	1:9,1 (Vorgelege)
Höchstgeschwindigkeit	40 km/h
Fahrbereich	S = 190 / G = 125 km
Art der Lenkung	MAN Planeten-Lenkgetriebe mit Vorgelege
Wendekreis ⌀	4,8 m
Federung	Blattfedern, längs 6 Rollen zu je 2 Paaren zusammengefaßt
Schmiersystem	Hochdruck
Bremsanlage Hersteller	MAN
Wirkungsweise	mech.
Bremsart	Backen-
Fußbremse wirkt auf	Lenkbremsen
Handbremse wirkt auf	Lenkbremsen
Art der Räder	Lauf- und Stützrollen
Spurweite	1780 mm
Kettenauflage	2418 mm
Kettenbreite	300 mm
Bodenfreiheit	312 mm
Länge über alles	4755 mm
Breite über alles	2140 mm
Höhe über alles	1955 mm
Bodendruck	0,56 kp/cm²
Fahrgestellgewicht	5500 kp
zul. Gesamtgewicht	7900 kp
Nutzlast	
Sitzplätze	3
Kraftstoffverbrauch	150 Ltr. 100 km
Ölverbrauch	je nach Einsatz
Kraftstoffvorrat	102 + 68 = 170 Ltr.
Panzerung:	
Wanne	14,5 mm rundum
Turm	14,5 mm rundum
Leistungen:	
Steigfähigkeit	30°
Klettert	630 mm
Watet	892 mm
Überschreitet	1800 mm
Bewaffnung:	1 2-cm-KwK 30 (180) + 1 MG 34 (1425)
Verwendungszweck:	leichter Kampfpanzer

Panzerkampfwagen II (2 cm) (Sd. Kfz. 121) Ausf. c

Herstellungsland: Deutschland
Hersteller:
Maschinenfabrik Augsburg-Nürnberg AG.,
Werk Nürnberg u. a.

Typ: „3/LaS 100"
Baujahr: 1937
Informationsquelle:
D 651/1 vom 31. März 1938
Bemerkungen: Fahrgestell-Nr. 21 101–22 000,
22 001–23 000

Motor: Hersteller, Typ	Maybach „HL 62 TR"
Zyl.-Anzahl, Anordnung	6, Reihe
Bohrung	105 mm
Hub	120 mm
Hubraum	6191 ccm
Verdichtungsverhältnis	6,5:1
Drehzahl	2600 U/min
Höchstleistung	140 PS
Leistungsgewicht	16 PS/t
Ventilanordnung	hängend
Kurbelwellenlager	8 Gleit-
Vergaser, Anzahl	1 Typ Solex 40 JFF II
Zündfolge	1-5-3-6-2-4
Anlasser	Bosch BNG 2,5/12 BR 183 + AL/ZMA/R 3
Lichtmaschine	Bosch GTLN 600/12-1500
Batterie, Anzahl	1, 12 Volt 105 Ah
Kraftstofförderung	Pallaspumpe
Kühlung	Wasser
Kupplung	Zweischeiben, tr. F & S K 230 K
Getriebe	ZF SSG 45 (2.-6. Gang synchr.)
Anzahl der Gänge	V 6, R 1
Treibende Räder	vorne
Triebachsenübersetzung	1:9,1 (Vorgelege)
Höchstgeschwindigkeit	40 km/h
Fahrbereich	S = 190 / G = 125 km
Art der Lenkung	MAN Planeten-Lenkgetriebe mit Vorgelege
Wendekreis ⌀	4,8 m
Federung	Blattfedern, längs 5 Rollen pro Seite in Einzelaufhängung
Schmiersystem	Hochdruck
Bremsanlage Hersteller	MAN
Wirkungsweise	mech.
Bremsart	Außenband
Fußbremse wirkt auf	Lenkbremsen
Handbremse wirkt auf	Lenkbremsen
Art der Räder	Lauf- und Stützrollen – Lauf 550 x 100-55 – Stütz 220 x 105
Spurweite	1880 mm
Kettenauflage	2400 mm – 108 Glieder pro Kette
Kettenbreite	300 mm
Bodenfreiheit	345 mm
Länge über alles	4810 mm
Breite über alles	2223 mm
Höhe über alles	1990 mm
Bodendruck	0,56 kp/cm²
Fahrgestellgewicht	6500 kp
zul. Gesamtgewicht	8900 kp
Nutzlast	
Sitzplätze	3
Kraftstoffverbrauch	150 Ltr. 100 km
Ölverbrauch	je nach Einsatz
Kraftstoffvorrat	102 + 68 = 170 Ltr.
Panzerung:	
Wanne	14,5 mm rundum
Turm	14,5 mm rundum
Leistungen:	
Steigfähigkeit	30°
Klettert	630 mm
Watet	925 mm
Überschreitet	1800 mm
Bewaffnung:	1 2-cm-KwK 30 (180) + 1 MG 34 (1425)
Verwendungszweck:	leichter Kampfpanzer

Panzerkampfwagen II (2 cm) (Sd. Kfz. 121)
Ausf. A, B, C und F

Herstellungsland: Deutschland
Hersteller:
Maschinenfabrik Augsburg-Nürnberg AG.,
Werk Nürnberg u. a.

Typ: „4 bis 7/LaS 100"
Baujahr: 1937–40
Preis: RM 49 228 (ohne Waffen)
Informationsquelle:
D 651/1 vom 31. März 1938
Bemerkungen: Fahrgestell-Nr. 23 001–24 000 = Ausf. A
24 001–26 000 = Ausf. B
26 001–27 000 = Ausf. C
28 001–29 400 = Ausf. F

Motor: Hersteller, Typ	Maybach/Nordbau „HL 62 TRM"
Zyl.-Anzahl, Anordnung	6, Reihe
Bohrung	105 mm
Hub	120 mm
Hubraum	6191 ccm
Verdichtungsverhältnis	6,5:1
Drehzahl	2600 U/min
Höchstleistung	140 PS
Leistungsgewicht	14,75 PS/t
Ventilanordnung	hängend
Kurbelwellenlager	8 Gleit-
Vergaser, Anzahl	1 Typ Solex 40 JFF II
Zündfolge	1–5–3–6–2–4
Anlasser	Bosch BNG 2,5/12 + AL/ZMA
Lichtmaschine	Bosch GTLN 600/12-1500
Batterie, Anzahl	1, 12 Volt 120 Ah
Kraftstofförderung	Pallaspumpe Nr. 62601
Kühlung	Wasser
Kupplung	Zweischeiben, tr. F & S K 230 K
Getriebe	ZF SSG 46 Aphon-
Anzahl der Gänge	V 6, R 1
Treibende Räder	vorne
Triebachsenübersetzung	
Höchstgeschwindigkeit	40 km/h
Fahrbereich	S = 190 / G = 125 km
Art der Lenkung	MAN-Wilson, Kupplungs-
Wendekreis ⌀	4,8 m
Federung	Blattfedern, längs Einzelrad-Federung
Schmiersystem	Hochdruck
Bremsanlage Hersteller	MAN
Wirkungsweise	mech.
Bremsart	Außenband, selbstnachstellend
Fußbremse wirkt auf	Lenkbremse
Handbremse wirkt auf	Lenkbremse
Art der Räder	Lauf- und Stützrollen – Lauf 550 x 100–55 – Stütz 220 x 105
Spurweite	1880 mm
Kettenauflage	2400 mm
Kettenbreite	300 mm
Bodenfreiheit	345 mm
Länge über alles	4810 mm
Breite über alles	2280 mm
Höhe über alles	2020 mm ab Ausf. F 2150 mm
Bodendruck	1595 mm
Feuerhöhe	0,76 kp/cm²
Fahrgestellgewicht	6800 kp
zul. Gesamtgewicht	9500 kp
Nutzlast	
Sitzplätze	3
Kraftstoffverbrauch	150 Ltr. 100 km
Ölverbrauch	je nach Einsatz
Kraftstoffvorrat	170 Ltr.
Panzerung:	
Wanne vorne	14,5 + 20 mm
seitlich u. hinten	14,5 mm
Turm vorne	14,5 + 14,5 + 20 mm
seitlich u. hinten	14,5 mm
Leistungen:	
Steigfähigkeit	30°
Klettert	420 mm
Watet	925 mm
Überschreitet	1800 mm
Bewaffnung:	1 2-cm-KwK 30 (180) + 1 MG 34 (1425, bei Gurtzuführung 2100)
Verwendungszweck:	leichter Kampfpanzer

Panzerkampfwagen II (2 cm) (Sd. Kfz. 121) Ausf. D und E

Herstellungsland: Deutschland
Hersteller: Maschinenfabrik Augsburg-Nürnberg AG., Werk Nürnberg u. a.

Typ: „8/LaS 138"
Baujahr: 1938–39
Informationsquelle: D 651/11 vom 2. Mai 1939
Bemerkungen: Fahrgestell-Nr. 27 001–27 800 = Ausf. D
27 801–28 000 = Ausf. E

Motor: Hersteller, Typ	Maybach „HL 62 TRM"
Zyl.-Anzahl, Anordnung	6, Reihe
Bohrung	105 mm
Hub	120 mm
Hubraum	6191 ccm
Verdichtungsverhältnis	6,5:1
Drehzahl	2600 U/min
Höchstleistung	140 PS
Leistungsgewicht	12,8 PS/t
Ventilanordnung	hängend
Kurbelwellenlager	7 + 1 Gleit-
Vergaser, Anzahl	1 Typ Solex 40 JFF II
Zündfolge	1–5–3–6–2–4
Anlasser	Bosch BNG 2,5/12 + AL/ZMD/R 3
Lichtmaschine	Bosch GTLN 600/12-1500
Batterie, Anzahl	1, 12 Volt 120 Ah
Kraftstofförderung	Pallaspumpe
Kühlung	Wasser
Kupplung	Zweischeiben, tr. F & S PF 220 K
Getriebe	Maybach Variorex VG 102128 H
Anzahl der Gänge	V 7, R 3
Treibende Räder	vorne
Triebachsenübersetzung	1:5,9 (Vorgelege)
Höchstgeschwindigkeit	55 km/h
Fahrbereich	S = 200 / G = 130 km
Art der Lenkung	Kupplungs-, mech.
Wendekreis $\diameter$	m
Federung	Drehstäbe (lt. Zeichnungs-Nr. 021 C 32735)
Schmiersystem	Hochdruck
Bremsanlage Hersteller	MAN
Wirkungsweise	mech.
Bremsart	Außenbacken
Fußbremse wirkt auf	Lenkbremse
Handbremse wirkt auf	Antrieb
Art der Räder	Preßscheibenräder
Spurweite	1920 mm
Kettenauflage	2200 mm – 96 Glieder pro Kette
Kettenbreite	300 mm
Bodenfreiheit	290 mm
Länge über alles	4640 mm
Breite über alles	2300 mm
Höhe über alles	2020 mm
Bodendruck	0,80 kp/cm²
Fahrgestellgewicht	
zul. Gesamtgewicht	10 000 kp
Nutzlast	1500 kp
Sitzplätze	3
Kraftstoffverbrauch	S = 100/G = 150 Ltr. 100 km
Ölverbrauch	0,3 Ltr. 100 km
Kraftstoffvorrat	200 Ltr. in einem Behälter
Panzerung:	
Wanne vorne	30 mm
seitlich u. hinten	14,5 mm
schräg	30 mm
seitlich u. hinten	14,5 mm
Leistungen:	
Steigfähigkeit	24°
Klettert	420 mm
Watet	850 mm
Überschreitet	1750 mm
Bewaffnung:	1 2-cm-KwK 30 (180) + 1 MG 34 (1425)
Verwendungszweck:	leicher Kampfpanzer welcher hauptsächlich als Schnellkampfwagen bei den „Leichten Divisionen" verwendet wurde

Panzerkampfwagen II (2 cm) (Sd. Kfz. 121)
Ausf. G1, G3, G4 und J

Herstellungsland: Deutschland
Hersteller:
Maschinenfabrik Augsburg-Nürnberg AG.,
Werk Nürnberg u. a.

Typ: „LaS 100" *Baujahr:* 1940–42
Preis: RM 49 228 (ohne Waffen)
Informationsquelle:
D 651/32 vom 20. Oktober 1942
Bemerkungen:
Fahrgestell-Nr. 150 101-150130 = Ausf. J
150 001-150 075 = Ausf. G
Abschlußausführung des Panzers II

Motor: Hersteller, Typ	Maybach „HL 62 TRM"	*Fußbremse wirkt auf*	Lenkbremse
Zyl.-Anzahl, Anordnung	6, Reihe	*Handbremse wirkt auf*	Lenkbremse
Bohrung	105 mm	*Art der Räder*	Lauf- und Stützrollen
Hub	120 mm		– Lauf 550 x 98-455
Hubraum	6191 ccm		– Stütz 220 x 105
Verdichtungsverhältnis	6,5:1	*Spurweite*	1880 mm
Drehzahl	2600 U/min	*Kettenauflage*	2400 mm – 108 Glieder pro Kette
Höchstleistung	140 PS		
Leistungsgewicht	14,75 PS/t	*Kettenbreite*	300 mm
Ventilanordnung	hängend	*Bodenfreiheit*	345 mm
Kurbelwellenlager	7+1 Gleit-	*Länge über alles*	4810 mm
Vergaser, Anzahl	1 Typ Solex 40 JFF II	*Breite über alles*	2280 mm
Zündfolge	1-5-3-6-2-4	*Höhe über alles*	2020 mm
Anlasser	Bosch BNG 2,5/12 + AL/ZMD/R 3	*Feuerhöhe*	1595 mm
		Bodendruck	0,76 kp/cm²
Lichtmaschine	Bosch RJJK 130/12-1500	*Fahrgestellgewicht*	6800 kp
Batterie, Anzahl	1, 12 Volt 120 Ah	*zul. Gesamtgewicht*	9500 kp
Kraftstofförderung	Pallaspumpe	*Nutzlast*	
Kühlung	Wasser	*Sitzplätze*	3
Kupplung	Zweischeiben, tr. F & S K 230 K	*Kraftstoffverbrauch*	S = 90 / G = 135 Ltr. 100 km
		Ölverbrauch	0,3 Ltr. 100 km
Getriebe	ZF SSG 46 Aphon-	*Kraftstoffvorrat*	170 Ltr.
Anzahl der Gänge	V 6, R 1	*Panzerung:*	
Treibende Räder	vorne	*Wanne vorne*	35 mm
Triebachsenübersetzung		*seitlich*	20 mm
Höchstgeschwindigkeit	40 km/h	*hinten*	14,5 mm
Fahrbereich	S = 190 / G = 125 km	*Turm vorne*	30 mm
Art der Lenkung	MAN-Wilson, Kupplungs-	*seitlich u. hinten*	14,5 mm
Wendekreis ⌀	4,8 m	*Leistungen:*	
Federung	Blattfedern, längs Einzelrad-Federung	*Steigfähigkeit*	30°
		Klettert	420 mm
Schmiersystem	Hochdruck	*Watet*	925 mm
Bremsanlage Hersteller	MAN	*Überschreitet*	1700 mm
Wirkungsweise	mech.	*Bewaffnung:*	1 2-cm-KwK 30 bzw. 38 (180) + 1 MG 34 (2550)
Bremsart	Außenband, selbstnachstellend	*Verwendungszweck:*	leichter Kampfpanzer

Panzerkampfwagen II (2-cm-KwK 38)
(Sd. Kfz. 123) Ausf. L (Luchs)

Herstellungsland: Deutschland
Hersteller:
Maschinenfabrik Augsburg-Nürnberg AG.,
Nürnberg u. a.

Typ: „VK. 1303" *Baujahr:* 1942–43
Informationsquelle:
Handbuch WaA., Blatt K. 45 u. a.
Bemerkungen: Fahrgestell-Nr. ab 200 100, 131 Stück hergestellt

---

Motor: Hersteller, Typ	Maybach „HL 66 P"	*Fußbremse wirkt auf*	Antriebsräder
Zyl.-Anzahl, Anordnung	6, Reihe	*Handbremse wirkt auf*	Antriebsräder
Bohrung	105 mm	*Art der Räder*	Schachtellaufwerk
Hub	130 mm	*Spurweite*	2080 mm
Hubraum	6754 ccm	*Kettenauflage*	2200 mm
Verdichtungsverhältnis	6,5:1	*Kettenbreite*	360 mm
Drehzahl normal/maximal	2800/3200 U/min	*Bodenfreiheit*	400 mm
Höchstleistung	180/200 PS	*Länge über alles*	4630 mm
Leistungsgewicht	16,7 PS/t	*Breite über alles*	2480 mm
Ventilanordnung	hängend	*Höhe über alles*	2210 mm
Kurbelwellenlager	8 Gleit-	*Bodendruck*	0,98 kp/cm²
Vergaser, Anzahl	2 Typ Solex 40 JFF II	*Fahrgestellgewicht*	
Zündfolge	1–5–3–6–2–4	*zul. Gesamtgewicht*	11 800 kp
Anlasser	Bosch BNG 2,5/12 BRS 161	*Nutzlast*	1500 kp
Lichtmaschine	Bosch GTN 600/12-1200 A 4	*Sitzplätze*	4
Batterie, Anzahl	1, 12 Volt 120 Ah	*Kraftstoffverbrauch*	S = 90 / G = 150 Ltr. 100 km
Kraftstofförderung	Pumpe	*Ölverbrauch*	je nach Einsatz
Kühlung	Wasser	*Kraftstoffvorrat*	235 Ltr.
Kupplung	Zweischeiben, tr. F & S „Mecano"	*Panzerung:*	
		Wanne vorne	30 mm
Getriebe	ZF Aphon SSG 48	*seitlich u. hinten*	20 mm
Anzahl der Gänge	V 6, R 1	*Turm vorne*	30 mm
Treibende Räder	vorne	*seitlich u. hinten*	20 mm
Triebachsenübersetzung		*Leistungen:*	
Höchstgeschwindigkeit	S = 60 / G = 30 km/h	*Steigfähigkeit*	30°
Fahrbereich	S = 290 / G = 175 km	*Klettert*	600 mm
Art der Lenkung	MAN Kupplungs-Stelle	*Watet*	1400 mm
Wendekreis ⌀		*Überschreitet*	1600 mm
Federung	Drehstäbe, quer	*Bewaffnung:*	1 2-cm-KwK 38 (320) ab Fahrzeug 101 5-cm-KwK 39 L/60 + 1 MG 34 (2280)
Schmiersystem	Hochdruck		
Bremsanlage Hersteller	MAN		
Wirkungsweise	mech.	*Verwendungszweck:*	Gepanzertes Aufklärungsfahrzeug (Vollkette)
Bremsart	Außenbacken		

Panzerkampfwagen II (F) (Sd. Kfz. 122)
Ausf. A und B

Herstellungsland: Deutschland
Hersteller:
Wegmann & Co., Kassel (Umbau)

Typ: „8/LaS 138"   *Baujahr:* 1940
Informationsquelle:
D 651/61 vom 9. Oktober 1941
Bemerkungen: Originalfahrzeug: Panzerkampfwagen II
Ausführung D und E, 87 + 3 Fahrzeuge umgebaut

Motor: Hersteller, Typ	Maybach „HL 62 TRM"
Zyl.-Anzahl, Anordnung	6, Reihe
Bohrung	105 mm
Hub	120 mm
Hubraum	6191 ccm
Verdichtungsverhältnis	6,5:1
Drehzahl	2600 U/min
Höchstleistung	140 PS
Leistungsgewicht	12,7 PS/t
Ventilanordnung	hängend
Kurbelwellenlager	7 + 1 Gleit-
Vergaser, Anzahl	1 Typ Solex 40 JFF II
Zündfolge	1-5-3-6-2-4
Anlasser	Bosch BNG 2,5/12 + AL/ZMD/R 3
Lichtmaschine	Bosch GTLN 600/12-1500
Batterie, Anzahl	1, 12 Volt 120 Ah
Kraftstofförderung	Pallaspumpe
Kühlung	Wasser
Kupplung	Zweischeiben, tr. F & S PF 220 K
Getriebe	Maybach Variorex VG 102128 H
Anzahl der Gänge	V 7, R 3
Treibende Räder	vorne
Triebachsenübersetzung	1:5,9 (Vorgelege)
Höchstgeschwindigkeit	40 km/h
Fahrbereich	S = 190 / G = 125 km
Art der Lenkung	MAN Kupplungs-, mech.
Wendekreis ⌀	m
Federung	Drehstäbe (lt. Zeichnungs-Nr. 021 C 32735)
Schmiersystem	Hochdruck
Bremsanlage Hersteller	MAN
Wirkungsweise	mech.
Bremsart	Außenbacken
Fußbremse wirkt auf	Lenkbremse
Handbremse wirkt auf	Antrieb
Art der Räder	Preßscheibenräder
Spurweite	1920 mm
Kettenauflage	2200 mm – 96 Glieder pro Kette
Kettenbreite	300 mm
Bodenfreiheit	290 mm
Länge über alles	4750 mm
Breite über alles	2140 mm
Höhe über alles	1850 mm
Bodendruck	0,85 kp/cm²
Fahrgestellgewicht	
zul. Gesamtgewicht	11 000 kp
Nutzlast	2000 kp
Sitzplätze	2
Kraftstoffverbrauch	S = 100 / G = 150 Ltr. 100 km
Ölverbrauch	0,3 Ltr. 100 km
Kraftstoffvorrat	200 Ltr. 100 km
Panzerung:	
Wanne vorne	30 mm
seitlich u. hinten	14,5 mm
Leistungen:	
Steigfähigkeit	30°
Klettert	420 mm
Watet	800 mm
Überschreitet	1700 mm
Bewaffnung:	2 Wurftürme (180°) + 1 MG 34 (2000)
Verwendungszweck:	Flammenwerfer-Panzerkampfwagen für Sondereinheiten

Pz. Sfl. 1 für 7,62-cm-Pak (Fahrgestell PzKpfwg. II Ausf. D2) (Sd. Kfz. 132)

Typ: „LaS 138"
Baujahr: 1942–44

Herstellungsland: Deutschland
Hersteller: Altmärkische Kettenfabrik GmbH., Berlin-Borsigwalde (Umbau)

Informationsquelle: D 651/13 vom 27. April 1942
Bemerkungen: 210 Stück umgebaut

Motor: Hersteller, Typ	Maybach „HL 62 TRM"	*Fußbremse wirkt auf*	Lenkbremse
Zyl.-Anzahl, Anordnung	6, Reihe	*Handbremse wirkt auf*	Antrieb
Bohrung	105 mm	*Art der Räder*	Preßscheibenräder
Hub	120 mm	*Spurweite*	1920 mm
Hubraum	6191 ccm	*Kettenauflage*	2200 mm – 96 Glieder pro Kette
Verdichtungsverhältnis	6,5:1		
Drehzahl	2600 U/min	*Kettenbreite*	300 mm
Höchstleistung	140 PS	*Bodenfreiheit*	290 mm
Leistungsgewicht	12,2 PS/t	*Länge über alles*	5650 mm
Ventilanordnung	hängend	*Breite über alles*	2300 mm
Kurbelwellenlager	7+1 Gleit-	*Höhe über alles*	2600 mm
Vergaser, Anzahl	1 Typ Solex 40 JFF II	*Feuerhöhe*	2200 mm
Zündfolge	1-5-3-6-2-4	*Bodendruck*	0,87 kp/cm²
Anlasser	Bosch BNG 2,5/12 + AL/ZMD	*Fahrgestellgewicht*	
		zul. Gesamtgewicht	11 500 kp
Lichtmaschine	Bosch GTLN 600/12-1500	*Nutzlast*	2000 kp
Batterie, Anzahl	1, 12 Volt 120 Ah	*Sitzplätze*	4
Kraftstofförderung	Pallaspumpe	*Kraftstoffverbrauch*	S=100 / G=150 Ltr. 100 km
Kühlung	Wasser	*Ölverbrauch*	je nach Einsatz
Kupplung	Zweischeiben, tr. F & S PF 220 K	*Kraftstoffvorrat*	200 Ltr. in einem Behälter
		Panzerung:	
Getriebe	Maybach Variorex „VG 102128 H"	Wanne vorne	30 mm
		seitlich u. hinten	14,5 mm
Anzahl der Gänge	V 7 R 3	Aufbau	14,5 mm rundum
Treibende Räder	vorne	*Leistungen:*	
Triebachsenübersetzung	1:5,9 (Vorgelege)	Steigfähigkeit	24°
Höchstgeschwindigkeit	55 km/h	Klettert	420 mm
Fahrbereich	S = 220 / G = 130 km	Watet	850 mm
Art der Lenkung	MAN Kupplungs-, mech.	Überschreitet	1750 mm
Wendekreis ⌀		*Bewaffnung:*	1 7,62-cm-Pak 36 (r) L/54,8 (30) + 1 MG 34 (900) (lose)
Federung	Drehstäbe (lt. Zeichnungs-Nr. 021 C 32735)	*Verwendungszweck:*	Behelfsmäßiges Panzerjägerfahrzeug
Schmiersystem	Hochdruck		
Bremsanlage Hersteller	MAN	*Ähnlich:*	7,62 cm FK. 296 (r) auf Panzerjäger II Ausf. D u. E
Wirkungsweise	mech.		
Bremsart	Außenbacken		

7,5-cm-Pak 40/2 auf Fgst. PzKpfwg. II (Sd. Kfz. 131) „Marder II"

Typ: „LaS 100"
Herstellungsland: Deutschland
Hersteller:
Fahrzeug- und Motorenwerke GmbH., vorm. Maschinenbau Linke-Hofmann (Famo) Werke Breslau und Warschau

Entwicklungsfirma: ALKETT, Spandau
Baujahr: 1942–44
Informationsquelle: D 651/50 vom 1. Dezember 1942
Bemerkungen: 1217 Stück gebaut

Motor: Hersteller, Typ	Maybach „HL 62 TRM"	*Fußbremse wirkt auf*	Lenkbremse
Zyl.-Anzahl, Anordnung	6, Reihe	*Handbremse wirkt auf*	Lenkbremse
Bohrung	105 mm	*Art der Räder*	Lauf- und Stützrollen
Hub	120 mm		– Lauf 550 x 100-55
Hubraum	6191 ccm		– Stütz 220 x 105
Verdichtungsverhältnis	6,5:1	*Spurweite*	1880 mm
Drehzahl	2600 U/min	*Kettenauflage*	2400 mm
Höchstleistung	140 PS	*Kettenbreite*	300 mm
Leistungsgewicht	12,7 PS/t	*Bodenfreiheit*	345 mm
Ventilanordnung	hängend	*Länge über alles*	6360 mm
Kurbelwellenlager	7+1 Gleit-	*Breite über alles*	2280 mm
Vergaser, Anzahl	1 Typ Solex 40 JFF II	*Höhe über alles*	2200 mm
Zündfolge	1-5-3-6-2-4	*Feuerhöhe*	1940 mm
Anlasser	Bosch BNG 2,5/12 + Bosch AL/ZMA	*Bodendruck*	0,76 kp/cm²
Lichtmaschine	Bosch GTLN 600/12-1500	*Fahrgestellgewicht*	6800 kp
Batterie, Anzahl	1, 12 Volt 120 Ah	*zul. Gesamtgewicht*	10 800 kp
Kraftstofförderung	Pallaspumpe	*Nutzlast*	1500 kp
Kühlung	Wasser	*Sitzplätze*	3
Kupplung	Zweischeiben, tr. F & S K 230 K	*Kraftstoffverbrauch*	S = 90 / G = 135 Ltr. 100 km
Getriebe	ZF SSG 46 Aphon-	*Ölverbrauch*	je nach Einsatz
Anzahl der Gänge	V 6, R 1	*Kraftstoffvorrat*	170 Ltr.
Treibende Räder	vorne	*Panzerung:*	
Triebachsenübersetzung		*Wanne vorne*	35 mm
		seitlich u. hinten	14,5 mm
Höchstgeschwindigkeit	S = 40 / G = 20 km/h	*Aufbau*	14,5 mm rundum, vorne doppelt
Fahrbereich	S = 190 / G = 125 km	*Leistungen:*	
Art der Lenkung	MAN/Wilson, Kupplungs-	*Steigfähigkeit*	30°
Wendekreis ⌀	4,8 m	*Klettert*	420 mm
Federung	Blattfedern längs Einzelrad-Federung	*Watet*	800 mm
		Überschreitet	1700 mm
Schmiersystem	Hochdruck	*Bewaffnung:*	1 7,5 cm Pak 40/2 (37)
Bremsanlage Hersteller	MAN		+ 1 MG 34 (lose) (600)
Wirkungsweise	mech.	*Verwendungszweck:*	Behelfsmäßiges Panzerjägerfahrzeug
Bremsart	Außenband, selbstnachstellend	*Ähnlich:*	Versuchsfahrzeug mit 5 cm Pak 38

l e FH 18/2 auf Fahrgestell PzKpfwg. II (Sf) (Sd. Kfz. 124) „Wespe"

Herstellungsland: Deutschland
Hersteller:
Fahrzeug- und Motorenwerke GmbH., Breslau und Warschau (früher Vereinigte Maschinenwerke)

Typ: „LaS 100"
Entwicklungsfirma: Alkett, Berlin
Baujahr: 1942–44
Informationsquelle: Handbuch WaA., Blatt G 365 u. a.
Bemerkungen: 682 Stück gebaut

Motor: Hersteller, Typ	Maybach „HL 62 TRM"
Zyl.-Anzahl, Anordnung	6, Reihe
Bohrung	105 mm
Hub	120 mm
Hubraum	6191 ccm
Verdichtungsverhältnis	6,5:1
Drehzahl	2600 U/min
Höchstleistung	140 PS
Leistungsgewicht	12,7 PS/t
Ventilanordnung	hängend
Kurbelwellenlager	8 Gleit-
Vergaser, Anzahl	1 Typ Solex 40 JFF II
Zündfolge	1–5–3–6–2–4
Anlasser	Bosch BNG 2,5/12 + AL/ZMA
Lichtmaschine	Bosch GTLN 600/12-1500
Batterie, Anzahl	1, 12 Volt 120 Ah
Kraftstofförderung	Pallaspumpe Nr. 62601
Kühlung	Wasser
Kupplung	Zweischeiben, tr. F & S K 230 K
Getriebe	ZF SSG 46 Aphon-
Anzahl der Gänge	V 6, R 1
Treibende Räder	vorne
Triebachsenübersetzung	
Höchstgeschwindigkeit	S = 40 / G = 20 km/h
Fahrbereich	S = 140 / G = 95 km
Art der Lenkung	MAN-Wilson, Kupplungs-
Wendekreis ⌀	4,8 m
Federung	Blattfedern, längs Einzelrad-Federung
Schmiersystem	Hochdruck
Bremsanlage Hersteller	MAN/FAMO
Wirkungsweise	mech.
Bremsart	Außenband, selbstnachstellend
Fußbremse wirkt auf	Lenkbremse
Handbremse wirkt auf	Lenkbremse
Art der Räder	Lauf- und Stützrollen
	– Lauf 550 x 100-55
	– Stütz 220 x 105
Spurweite	1880 mm
Kettenauflage	2400 mm
Kettenbreite	300 mm
Bodenfreiheit	340 mm
Länge über alles	4810 mm
Breite über alles	2280 mm
Höhe über alles	2300 mm
Feuerhöhe	1940 mm
Bodendruck	0,76 kp/cm²
Fahrgestellgewicht	6800 kp
zul. Gesamtgewicht	11 480 kp
Nutzlast	
Sitzplätze	5
Kraftstoffverbrauch	S = 90 / G = 135 Ltr. 100 km
Ölverbrauch	je nach Einsatz
Kraftstoffvorrat	200 Ltr.
Panzerung:	
Wanne vorne	18 mm
seitlich u. hinten	14,5 mm
Aufbau	10 mm rundum
Leistungen:	
Steigfähigkeit	30°
Klettert	420 mm
Watet	800 mm
Überschreitet	1700 mm
Bewaffnung:	1 10,5 cm le FH 18/2 L/28 (32)
Verwendungszweck:	leichte Standard-Panzerhaubitze

Gefechtsaufklärer VK. 1602 „Leopard"
Typ: „VK. 1602"

Herstellungsland: Deutschland
Hersteller:
Mühlenbau und Industrie AG. (MIAG) Amme-Werk Braunschweig

Baujahr: 1942
Informationsquelle:
Handbuch WaA., Blatt D 27 v. Juli 42
Bemerkungen: Nur Zeichnungsunterlagen erstellt

Motor: Hersteller, Typ	Maybach „HL 157"	*Art der Räder*	Schachtellaufwerk
Zyl.-Anzahl, Anordnung	12, V-Form	*Spurweite*	2430 mm
Bohrung	115 mm	*Kettenauflage*	3475 mm
Hub	125 mm	*Kettenbreite*	650 mm
Hubraum	15 580 ccm	*Bodenfreiheit*	510 mm
Verdichtungsverhältnis	6,5:1	*Länge über alles*	6450 mm
Drehzahl	**3500**	*Breite über alles*	3270 mm
Höchstleistung	550 PS	*Höhe über alles*	2800 mm
Leistungsgewicht	21 PS/t	*Bodendruck*	0,49 kp/cm²
Ventilanordnung	hängend	*Fahrgestellgewicht*	
Kurbelwellenlager	7 Rollen-	*zul. Gesamtgewicht*	26 000 kp
Vergaser, Anzahl	2 Typ Solex	*Nutzlast*	1500 kp
Zündfolge	1-12-5-8-3-10-6-7-2-11-4-9	*Sitzplätze*	4
Anlasser	Bosch BNG	*Kraftstoffverbrauch*	S = 170 / G = 340 Ltr 100 km
Lichtmaschine	Bosch GTLN		
Batterie, Anzahl	4, 12 Volt 105 Ah	*Ölverbrauch*	je nach Einsatz
Kraftstofförderung	Pumpen	*Kraftstoffvorrat*	520 Ltr.
Kühlung	Wasser	*Panzerung:*	
Kupplung	hydr.	Wanne vorne	60 mm
Getriebe	Maybach Vorwähl-	seitlich u. hinten	20 mm
Anzahl der Gänge	V 8, R 1	Turm vorne	80 mm
Treibende Räder	hinten	seitlich u. hinten	50 mm
Triebachsenübersetzung		*Leistungen:*	
Höchstgeschwindigkeit	S = 60 / G = 30 km/h	Steigfähigkeit	40°
Fahrbereich	S = 300 / G = 150 km	Klettert	750 mm
Art der Lenkung	Mehrradien-	Watet	1750 mm
Wendekreis ⌀	Stelle	Überschreitet	2500 mm
Federung	Drehstäbe, quer	*Bewaffnung:*	1 5-cm-KwK 39/1 ( )
Schmiersystem	Hochdruck und Zentral		+ 1 MG 42 ( )
Bremsanlage Hersteller	Südd. Arguswerke	*Verwendungszweck:*	stark gepanzertes Kampffahrzeug für Gefechtsaufklärung, Fahrzeug wurde nicht gebaut
Wirkungsweise	mech.		
Bremsart	Scheiben		
Fußbremse wirkt auf	Antriebsräder		
Handbremse wirkt auf	Antriebsräder		

Literaturverzeichnis

1. Willi A. Bölke
   Deutschlands Rüstung im Zweiten Weltkrieg
2. N. W. Duncan
   Panzerkampfwagen I und II
3. H. Guderian
   Erinnerungen eines Soldaten
4. Fritz Heigl
   Taschenbuch der Tanks
5. Robert J. Icks
   Tanks and armored Vehicles
6. Janusz Magnuski
   Wozy Bojowe
7. F. W. von Mellenthin
   Panzer Battles
8. Hans Meier-Welcker
   Seeckt
9. Oskar Munzel
   Die deutschen gepanzerten Truppen bis 1945
10. Walther Nehring
    Die Geschichte der deutschen Panzerwaffe
    1916 – 1945
11. Werner Oswald
    Kraftfahrzeuge und Panzer der Reichswehr,
    Wehrmacht und Bundeswehr
    Motorbuch Verlag, Stuttgart
12. H. Scheibert – C. Wagener
    Die Deutsche Panzertruppe 1939 – 1945
13. F. M. von Senger und Etterlin
    Die deutschen Panzer 1926 – 1945
14. Walter J. Spielberger – Uwe Feist
    Armor Series 1 – 10
15. Walter J. Spielberger
    Der Panzerkampfwagen I und seine Abarten
    1933 – 1941
16. Walter J. Spielberger
    Der Panzerkampfwagen II und seine Abarten
    1934 – 1944
17. Rolf Stoves
    Die 1. Panzer-Division
18. G. Tornau – F. Kurowski
    Sturmartillerie

Erläuterungen der gebräuchlichen Abkürzungen

A (2)	Infanterieabteilung des Kriegsministeriums
A (4)	Feldartillerieabteilung des Kriegsministeriums
A (5)	Fußartillerieabteilung des Kriegsministeriums
A 7 V	Verkehrsabteilung des Kriegsministeriums
AD (2)	Allgemeines Kriegsdepartment, Abteilung 2 (Infanterie)
AD (4)	Allgemeines Kriegsdepartment, Abteilung 4 (Feldartillerie)
AD (5)	Allgemeines Kriegsdepartment, Abteilung 5 (Fußartillerie)
AHA/Ag K	Allgemeines Heeresamt, Amtsgruppe Kraftfahrwesen
AK	Artillerie-Konstruktionsbureau
AKK	Armeekraftwagenkolonne
ALkW	Armee-Lastkraftwagen
ALZ	Armee-Lastzug
AOK	Armee-Oberkommando
APK	Artillerieprüfungskommission
ARW	Achtradwagen
A-Typen	mit Allradantrieb (Schell-Typ)
BAK	Ballon-Abwehr-Kanone
Bekraft	Betriebsstoffabteilung des Feldkraftfahrwesens
BMW	Bayerische Motoren Werke
Chefkraft	Chef des Feldkraftfahrwesens
(DB)	Daimler-Benz
DMG	Daimler-Motoren-Gesellschaft
Dtschr. Krprz.	Deutscher Kronprinz
E-Fahrgestell	Einheitsfahrgestell
E-Pkw	Einheits-Personenkraftwagen
E-Lkw	Einheits-Lastkraftwagen
FA	Feldartillerie
FAMO	Fahrzeug- und Motorenbau GmbH
FF-Kabel	Feldfernkabel
FH	Feldhaubitze
FK	Feldkanone
Flak	Flugabwehrkanone
F. T.	Funk/Telegraph
Fu	Funk
Fu Ger	Funkgerät

Fr Spr Ger	Funksprechgerät	MTW	Mannschaftstransportwagen
g	geheim	n =	Umdrehungen pro Minute
Gen. St. d. H.	Generalstab des Heeres	n/A	neue Art/neue Ausführung
Gengas	Generatorgas	NAG	Nationale Automobilgesellschaft
G. I. d. MV.	Generalinspektion des Militärverkehrswesens	(o)	handelsüblich
g. Kdos	geheime Kommandosache	Ob. d. H.	Oberbefehlshaber des Heeres
gp	gepanzert	O. H. L.	Oberste Heeresleitung
g. RS	geheime Reichssache	O. K. H.	Oberkommando des Heeres
gl	geländegängig	O. K. W.	Oberkommando der Wehrmacht
GPK	Gewehrprüfungskommission	Pak	Panzerabwehrkanone
(H)	Heckmotoranordnung	P. D.	Panzerdivision
Hanomag	Hannoversche Maschinenbau AG	Pf	Pionierfahrzeug
Hk	Halbkette, Halbkettenfahrzeug	Pkw	Personenkraftwagen
H. Techn. V. Bl.	Heerestechnisches Verordnungsblatt	Pz. F.	Panzerfähre
HWA	Heereswaffenamt	Pz.Kpfwg.	Panzerkampfwagen
I. D.	Infanteriedivision	Pz. Spwg.	Panzerspähwagen
I. G.	Infanteriegeschütz	(R)	Raupen
In.	Inspektion	R/R	Räder/Raupenantrieb
In. 6	Inspektion des Kraftfahrwesens	(RhB)	Rheinmetall-Borsig
Ikraft	Inspektion des Feldkraftfahrwesens	RS	Raupenschlepper
Iluk	Inspektion des Luft- und Kraftfahrwesens	RSG	Gebirgsraupenschlepper
K	Kanone	RSO	Raupenschlepper Ost (Radschlepper Ost)
KD	Krupp-Daimler	RV	Richtverbindung
K. D.	Kavalleriedivision	s	schwer
KdF	Kraft durch Freude (NS-Organisation)	schg.	schienengängig
K. d. K.	Kommandeur der Kraftfahrtruppen	schf.	schwimmfähig
K. Flak	Kraftwagen-Flugabwehrkanone	Sd. Kfz.	Sonderkraftfahrzeug
Kfz.	Kraftfahrzeug	Sfl.	Selbstfahrlafette
KM	Kriegsministerium	Sf	Selbstfahrlafette
KP	Kraftprotze	S-Typen	mit Hinterradantrieb (Schell-Typ)
(Kp)	Krupp	SmK	Spitzgeschoß mit Kern
Kogenluft	Kommendierender General der Luftstreitkräfte	SSW-Zug	Siemens-Schuckert-Werke-Zug
Krad	Kraftrad	s. W. S.	schwerer Wehrmachtsschlepper
Kr. Zgm.	Kraftzugmaschine	Tak	Tankabwehrkanone
KS	Kraftspritze	Takraft	Technische Abteilung der Inspektion des Kraftfahrwesens
Kw	Kraftwagen, auch Kampfwagen		
l	leicht	TF	Trägerfrequenz (funktechnisch)
L/	Kaliberlänge	Tp	Tropenausführung
le	leicht	Vakraft	Versuchsabteilung des Feldkraftfahrwesens (Erster Weltkrieg), Versuchsabteilung der Inspektion des Kraftfahrwesens (Reichswehr und Wehrmacht)
le FH	leichte Feldhaubitze		
le FK	leichte Feldkanone		
l. F. H.	leichte Feldhaubitze		
le. I. G.	leichtes Infanteriegeschütz	ve	voll entstört
le. W. S.	leichter Wehrmachtsschlepper	v/max	Höchstgeschwindigkeit
LHB	Linke-Hoffman-Busch	V°	Mündungsgeschwindigkeit
l. I. G.	leichtes Infanteriegeschütz	VPK	Verkehrstechnische Prüfungskommission
Lkw	Lastkraftwagen	Vs. Kfz.	Versuchsfahrzeug
LWS	Land-Wasser-Schlepper	ZF	Zahnradfabrik Friedrichshafen
m	mittel, mittlerer	ZRW	Zehnradwagen
MAN	Maschinenfabrik Augsburg-Nürnberg AG	WaPruef/WaPrw	Waffenprüfungsamt
MG	Maschinengewehr	Wumba	Waffen- und Munitionsbeschaffungsamt
MP	Maschinenpistole	wg	wassergängig

Weitere Bücher zu diesem Thema die Sie interessieren!

 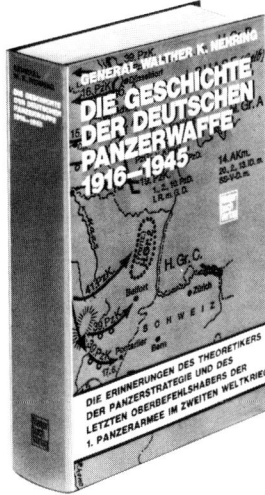  

Milsom
DIE RUSSISCHEN PANZER – DIE GESCHICHTE DER SOWJETISCHEN PANZERWAFFE 1900 BIS HEUTE

256 Seiten, 370 Abb., Großformat, Leinen, DM 48.–

Dies ist die vollständige Geschichte der technischen und taktischen Entstehung der sowjetischen Panzerwaffe. Dieses Buch beschreibt die Planung, Entwicklung, die typischen Merkmale und den Fronteinsatz aller berühmten russischen Kampfwagen bis zur Gegenwart. Die russischen Panzer stellen heute die mächtigste nicht-atomare Offensivwaffe der Welt dar. Ihre Schlagkraft geht auf die frühe Verwendung militärischer Panzerfahrzeuge zurück. Dieses Buch dringt bis ins Detail, angefangen von den ersten Fahrzeugen, über den Zweiten Weltkrieg bis heute.

Nehring
DIE GESCHICHTE DER DEUTSCHEN PANZERWAFFE 1916–1945
Die Erinnerungen des Theoretikers der Panzerstrategie und des letzten Oberbefehlshabers der 1. Panzerarmee im 2. Weltkrieg

400 Seiten, 10 Karten, Leinen, DM 32.–

Die Generale Guderian und Nehring hatten die revolutionierende Idee entwickelt, daß die Panzerwaffe nicht nur eine taktische, sondern vor allem operativ einsatzfähige und damit entscheidende neue Waffe darstellen sollte. Dieses Buch umfaßt die Zeit des Ersten Weltkrieges, die Zwischenkriegszeit und die Zeit des Zweiten Weltkrieges, dessen Entfesselung vorzeitig den langfristig konzipierten Aufbau der Panzertruppe stoppte. Es war Guderians und Nehrings Leistung, daß die Panzertruppen trotzdem große Anfangserfolge erzielten.

Oswald
KRAFTFAHRZEUGE UND PANZER DER REICHSWEHR, WEHRMACHT UND BUNDESWEHR – Katalog aller Typen und Modelle

456 Seiten, 850 Abbildungen, Leinen, DM 48.–

Alle jemals vorhandenen Militärfahrzeuge der Reichswehr, der Wehrmacht und der Bundeswehr – das umfassende Standardwerk mit allen Daten und Fakten – exakt in den textlichen Darstellungen und reichhaltig illustriert. Dieses Werk stellt eine umfassende Übersicht dar, welche die Entwicklungen und Zusammenhänge der vielfältigen Modellreihen offenlegt. Das umfangreiche Text- und Bildmaterial wird ergänzt durch zahlreiche statistische Angaben und Produktionsdaten, die in dieser Form den jeweiligen Komplex deutlich überschaubar machen.

Davis
UNIFORMEN UND ABZEICHEN DES DEUTSCHEN HEERES 1933–1945

240 Seiten, 375 Abbildungen, Leinen, DM 42,–

In diesem Buch werden die Uniformen und Abzeichen des deutschen Heeres von 1933 bis 1945 wiedergegeben. Und zwar bis ins kleinste Detail. Das Werk gliedert sich in drei Hauptteile: Dienstgrade und Dienstgradabzeichen – Dienstabzeichen und besondere Abzeichen – Uniformen, Waffenröcke, militärische Bekleidung, Kopfbedeckungen und Fußbekleidung. Dieses Buch will als dokumentarischer Beitrag zur Uniformenkunde verstanden werden. Es ist eine fundierte Arbeit, die auf authentischen Unterlagen basiert und für sich in Anspruch nehmen darf, die deutschen Heeresuniformen am tiefgründigsten zu präsentieren.

MOTORBUCH VERLAG · STUTTGART 1 · POSTFACH 1370

Aktuelle und bewährte Waffenbücher
aus dem Motorbuch-Verlag Stuttgart

Hobart
DAS MASCHINENGEWEHR –
DIE GESCHICHTE EINER
VOLLAUTOMATISCHEN WAFFE
272 Seiten, 245 Abbildungen,
Leinen, DM 28.–

Jeder, der sich für Waffen im allgemeinen und automatische Feuerwaffen speziell interessiert, wird in diesem Buch eine Fülle von Information finden.
Der Autor zählt zu den namhaftesten Experten auf diesem Sektor. Nur so war es möglich, ein Thema von solcher Weitläufigkeit derart umfassend und im Detail gründlich abzuhandeln. Das Buch reicht von den ersten Anfängen der Feuerwaffen über die handbetriebenen, automatischen und die Mehrrohrwaffen bis zum letzten Stand der MG-Technik.
Ausführlich beschreibt Hobart das Vordringen automatischer Feuerwaffen in Europa und den USA. Unter anderem werden Namen von internationalem Ruf genannt: Heinemann, Grunow, Mauser, Rheinmetall-Borsig, Suhl, Krieghoff, Heckler & Koch …
Das Maschinengewehr kommt auch zum Einsatz in Fahrzeugen aller Art sowie in Flugzeugen. Auch damit setzt sich Hobart auseinander. Und welche Automatik- oder Maschinenwaffe eignet sich da oder dort für Militär, Polizei oder ähnliche Einheiten? Dieses Buch gibt Aufklärung.
240 Fotos, eine Anzahl Zeichnungen und ein informativer Tabellenteil machen daraus eine Waffensammlung, wie sie nirgendwo sonst existiert.

Hogg
DIE DEUTSCHEN PISTOLEN UND
REVOLVER 1871–1945
190 Seiten, 200 Abbildungen,
Leinen DM 36.–

In diesem Buch werden die deutschen Faustfeuerwaffen 1871–1945 eingehend und umfassend in Wort und Bild behandelt. Die Pistolen und Revolver, die von der Reichseinigung 1871 bis zum Zusammenbruch des Dritten Reiches konstruiert und gefertigt wurden, haben in der Entwicklung der Feuerwaffen ihren besonderen Platz.

Die meisten der hier behandelten Waffen hat der Autor selbst untersucht und damit geschossen. Jede Waffe wird komplett und in Details vorgestellt, mit allen Angaben und Daten.

Das Buch erhielt eine Reihe wertvoller Ergänzungen! Die Code-Zeichen der Waffen- und Munitionshersteller sind aufgeführt, die Patronen sind aufgeführt, die Patronen sind abgebildet und ihre ballistischen Daten genannt.

Weitere Angaben betreffen die wichtigsten Patente und die verschiedenen deutschen Beschußzeichen. Hier ist wirklich ein Standardwerk entstanden! I. V. Hogg ist ein hervorragender Fachmann; er lehrt in dieser Eigenschaft am „British Royal Military College of Science" und ist wie kein anderer geeignet, ein derartiges Werk zu schreiben.

Swenson
DAS GEWEHR –
DIE GESCHICHTE EINER WAFFE
232 Seiten, 300 Abbildungen,
Leinen, DM 26.–

Dies ist eine waffenkundliche Dokumentation ersten Ranges. „Das Gewehr – die Geschichte einer Waffe", hinter diesem Titel steckt die abenteuerliche Entwicklung eines Jagd- und Kriegsgeräts, das die Welt oftmals verändert hat.
Die Büchse war ursprünglich für die Jagd gedacht und gemacht. Den Übergang zur militärischen Handfeuerwaffe schildert dieses Buch mit allen Hintergründen. Es gab Büchsenmacher-Zünfte. Später fertigte man die Gewehre in Werkzeugmachereien, und schließlich übernahm die Industrie die Massenproduktion von Schußwaffen und Munition.
Dem Historiker, dem Waffenfreund, dem Soldaten bietet dieses Standardwerk einen Überblick über die Modelle, die in den verschiedenen Ländern im militärischen Gebrauch waren. Ebenso der Munition, den Visiereinrichtungen, der Schloßmechanik.

Stammel
MIT GEBREMSTER GEWALT –
POLIZEIWAFFEN VON HEUTE
UND MORGEN
448 Seiten, 1000 Abbildungen,
Leinen, DM 48.–

Dieses Standardwerk über modernste Polizeiwaffen ist in Form und Gehalt einmalig. Es behandelt die Ausrüstung, die Ausbildung und den Einsatz der Polizei mit „tödlichen", „wenig-tödlichen" und „nicht-tödlichen" Waffen. Es befaßt sich mit der „Aufruhrkontrolle", mit der kampfmäßigen Abwehr von Geiselnahmen, mit der Terroristenbekämpfung unter erschwerten Bedingungen und mit vielen anderen Aufgabenstellungen mehr, mit denen die Polizei fertig werden muß. Angesichts der sich häufenden spektakulären Fälle in letzter Zeit war dieses Buch eine bittere Notwendigkeit!
Was bisher als schicksalhafte Fügung dargestellt wurde, kann in den meisten Fällen durch Einsatz verblüffend nüchterner moderner Technik als vermeidbar nachgewiesen werden. Dieses Buch beweist es — in Daten, Fakten und tausend Bildern.

MOTORBUCH VERLAG · STUTTGART 1 · POSTFACH 1370